やっぱりおもしろい！関西農業

髙橋信正 編著

昭和堂

やっぱりおもろい！関西農業

はじめに

本書（「やっぱりおもろい！関西農業」）は、二〇〇四年五月に発刊した昭和堂「おもろいで！関西農業」（第一弾）に続く「第二弾」とも言うべきものです。

「第一弾」の著者たちは主として、府県の農業経営研究者が大多数でしたが、結果的に、「第二弾」での大多数は大学関係の農業経営研究者となりました。そのことによる出来栄えの違いはあまり感じませんが、対象事例の経営状況面で違いがみられます。

この両者の内容を比較すると、二〇〇〇年前半の「第一弾」のころは、取り上げた事例にもよるのでしょうが、今から見るとややのんびりした事例や穏やかな経営のものもあったかと思います。この「第二弾」でとりあげてある事例の内容が、一〇年も立たない間ですが、変化していることを見てとれます。それは、農業を取りまく状況がきびしくなってきたぶん、経営のあり方に反映しているものと感じています。

自分が儲けることだけを考えるのではなく社会への貢献も視野に入れた「三方よし」（近江商人の心得）の精神や、新しいものへ挑戦する「ほな、やってみなはれ」（松下幸之助翁）の精神で頑張っている事例が所々に出てきます。きびしいからこそ、農業経営者や農家グループやむらは懸命に創意をめぐらし工夫して時代・社会の要請をとりこみ生き残る道をさぐっているように思います。本書を読んでいただくと、そうした輝いている人達を皆さんは見出すことになるでしょう。ほたら、読んでみておくれやす！

（髙橋信正）

やっぱりおもろい!

関西農業

もくじ

PART 3　こだわりの関西農業……085

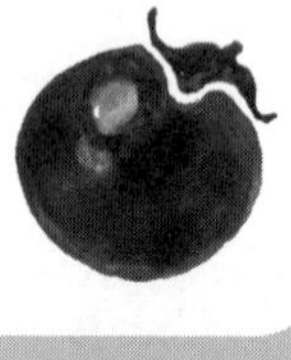

PART 6 田舎と街をつなぐ力

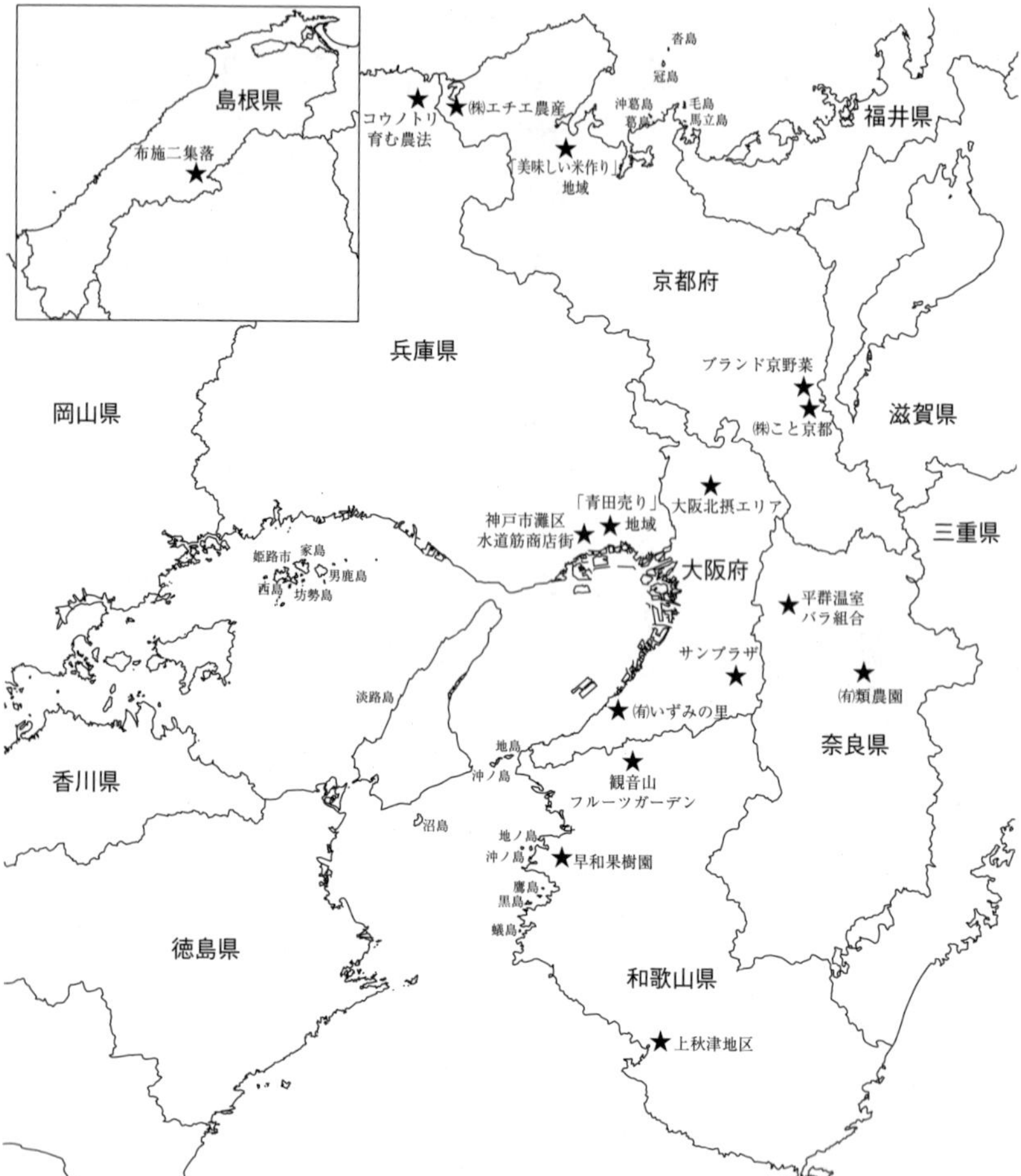
島根県
布施二集落
コウノトリ
育む農法
㈱エチエ農産
沓島
冠島
沖葛島
毛島
馬立島
福井県
「美味しい米作り」
地域
京都府
兵庫県
ブランド京野菜
㈱こと京都
岡山県
滋賀県
「青田売り」
地域
神戸市灘区
水道筋商店街
大阪北摂エリア
三重県
大阪府
姫路市
家島
男鹿島
西島
坊勢島
平群温室
バラ組合
サンプラザ
㈲類農園
淡路島
㈲いずみの里
奈良県
香川県
地島
沖ノ島
観音山
フルーツガーデン
沼島
地ノ島
沖ノ島
早和果樹園
鷹島
黒島
蟻島
徳島県
和歌山県
上秋津地区
紀伊大島

調査事例の位置図

序章　本書を読むにあたって

（1）関西農業について

本書で対象とする近畿二府四県の農業は、一般に「近畿農業」とも呼ばれていますが、それでも「関西農業」にしたのは、「第一弾」で次のように述べました。それは、近畿と関西という言葉の範囲や、歴史的にどうかなどを話しあった結果、「近畿より関西の方が柔らかく親しみやすい」、「テレビなどマスコミも関西という言葉を一般的に使っている」ということからです。また、関西農業の特徴として、伝統野菜などの農産物における「関西の個性と伝統性」および天気と農業は西から変わるといった農業展開における「関西の先進性」を挙げました。

（2）「ねらい」はどこにおいたか

執筆者陣の考えが一致したねらいは、以下のことを念頭において内容構成にあたることでした。

第一に、東日本大震災のため日本全体が意気消沈している状況だからこそ、関西の元気な農村から東日本を始め他の農村に元気を伝えられるような内容をめざすこと。

第二に、昨年の（平成二三年）一一月に参加に向かうと表明をした、日本の農業に大きな打撃を与えると考えられるＴＰＰ（環太平洋戦略的経済連携協定）に、たとえ、参加決定したとしても十分に生き残れるような関西農業の特徴を活かした事例、その方法、生き方を取りあげること。

第三に、元気あるそしておもろい特徴のある関西らしい事例を紹介する場合、その元気さの原因を探るとともに単に優良事例の紹介に終わるのではなく、執筆者自身の評価（考え）を入れて思いを熱く語ること。

第四に、農業をあまり知らない読者層も対象にしますので、出来るだけ専門用語を使わないでわかりやすく表現すること。

その結果、十分ではないものの、ある程度、著者たちの思いは表現されたと感じています。

（３）関西農業の「やっぱりおもろい」はどこにあるのか

本書は七つのパート、二一章から構成されております。パートⅠ「関西農業を知る」、パートⅡ「売り方一つでこんなに変わる」、パートⅢ「こだわりの関西農業」、パートⅣ「おもろい経営、女性の力」、パートⅤ「元気な田舎、がんばる都市農業」、パートⅥ「田舎と街をつなぐ力」およびパートⅦ「関西農家のこれからの姿」としております。

読者が全体をつかもうとされるなら、まずパートⅠからはじめ他のパートに移るのが分かりやすいかもしれません。しかし、以下で各パート、各章を要約してあります。それを見て読者は興味あるどのパート、どの章から読み始めてもらっても、頑張っているおもろい関西農業を見出すことになるでしょう。

パート別に各章の概要を述べていきます。

パートⅠ「関西農業を知る」は、パートⅡ以下を読むにあたってイントロダクションとなるもので、関西農業の統計から見た特徴および関西の生産と流通の独自性・先行性を述べています。

1：全国との比較において、関西地域は消費者と農家の距離がちかく、地産地消型農業の発展性がたかい。また、関西の農業は、関西の食卓あるいは食文化を支え、都市住民に農村アメニティを提供し、農家は豊かで環境を守る農地の番人でもあります。（藤本高志）

2：関西地域のこれまでの生鮮食品流通は、近江商人の「三方よし」の精神に従って先駆性を発揮しているようにみえます。兵庫の先駆者が大阪で始めた米国流のスーパー商法、京都が先陣をきった卸売市場などを通してせまります。（桂 瑛一）

パートⅡ「売り方一つでこんなに変わる」では、関西人らしい知恵、ユニークさを駆使し消費者のニーズに合わせ経営を成長させていく姿を紹介します。

3：農産物の差別化が求められる現代では、実需者のニーズを的確につかみ、それに合った農産物や加工品を作り、適切な方法で実需者に届けていくかが重要です。農家のグループ化によりそれを実現している京野菜九条ねぎの農業生産法人を紹介します。（桂　明宏）

4：短期間に売上高を急激に伸ばしている果樹経営の発展要因は、代々引き継がれる園主たちの経営能力にくわえ、独自の栽培技術でおいしいミカン作りをしていること、さらに、徹底したお客様本位のインターネット産直にあることがわかりました。（髙橋信正、児玉芳典）

5：農村・農業を守りたいとの思いから地域の二四人の農家から休耕田や管理ができなくなった田畑を賃借し農地を守りながら、安全・安心の食材作り、六次産業化、独自の販売ルート開発をおこない、地域の経済発展に寄与している株式会社を紹介します。（尾松数憲）

6：バラの生産・販売をめぐる環境は厳しいですが、バラ苗の生産・販売ビジネスへのとりくみやフラワーショップのオープンなど、果敢に挑戦している経営の特徴は、人と人とのつきあい方を活用した「新しいネットワーク」と、経営「改善」にあります。（宮部和幸）

パートⅢ「こだわりの関西農業」では、地産にこだわり、自然を大切にすることによって伸びている、いろいろな形態の関西農業の姿を紹介します。

7：京都府丹後地域は、米の食味ランキングで最高ランクの「特A」評価のコシヒカリを生産する西日本屈指のおいしい米の産地です。そのおいしさの秘密は、自然風土とともに米に対する農家の意欲と栽培技術であることを、五〇年の軌跡から見出します。（中村均司）

8：「高品質な商品を消費者に届けたい」という顧客志向の強い思いのもとに、法人化で組織を強化し、六次産業化にも早くからとりくみ、収益性の高い農業を実現している大規模果樹作経営は、個性化の時代といわれる現在に合致した方法です。（神谷　桂、辻　和良）

9：一時すたれた京の伝統野菜の復活のきっかけは京料理界と地元農家が結びついた地産地消から始まりました。京野菜のブランド化と地産地消とは正反対に見えますが、双方の動きが同時に進められることで、京都の食卓を豊かにしてきたのです。（中村貴子）

10：兵庫県但馬地域の「コウノトリ育むお米」とそれを使用した「お米めん」は、忘れ去られた環境にやさしい「農法」と「もの」を大切にする「もったいない」という心が、農産物の付加価値を高め、地域の農業をよみがえらせているのです。（髙田　理）

パートⅣ「おもろい経営　女性の力」では、農林業人であることを通じて常識はずれのおもろい生き方をしている農家や林家、農のさらなる可能性を追求する会社それに女性の力が存分に発揮しているグループを紹介します。

11：サラリーマン農業を目ざし、夫婦二人三脚でアイディアが湧き出す夫妻、茶道で身につけた男のたしなみが魅力的なお茶農家、「卒サラ」など数々の発想の転換で度肝をぬく有機農業界のアイドル、三者三様のしなやかでしたたかなおもろさを紹介します。（中塚華奈）

12：「農の可能性」を追求していくと、〃モノ〃の生産から〃ココロ〃の充足へとたどり着きます。すなわち、農業体験や農業研修をすることによって、農が持つ教育的価値を高めれば農の新しい姿が見えてくるという珍しい知見を紹介します。（丸一　浩）

13：「森と生活者を木材流通によって結びつける知識と技術を兼ねそなえた〃木のスペシャリスト〃」といわれる木材コーディネーターの活動を紹介しています。森を守るためにも田舎で仕事を作りだすにもこの種の職業が大切なことを強調しています。（中塚雅也）

14：五〇人からなる農家女性だけの法人経営が、〃ふるさとの味をさまざまな形でお届けします〃をキャッチフレーズに「地産地商」活動をおこなっています。農家女性ならではのパワーで「農（田舎）」と「食（街）」をつなぐ架け橋となっています。（大西敏夫）

パートV「元気な田舎、がんばる都市農業」では、規模は小さいが生産・販売で多様性を持っている関西農業での農家、地域の生き残り作戦を紹介します。

15：そこに住んでいることを前提とする「集落民」という概念の中に、農作業や集落の行事に参加するために帰省する転出者をも含み、地域農業の維持や地域社会の活性化に向けてより多く

の集落民を確保することに成功している島根県の集落を紹介しています。（伊庭治彦）

16：農地の宅地化が進むとともに、新・旧住民間でトラブルも起こりだした地域では、その解決のために、地域経営をキーワードとして、農産物直売所、農家レストラン、宿泊事業などの事業を農村多角化的にとりくみ、自立した「地域」を目ざしています。（岸上光克）

17：阪神・淡路大震災によって、西宮農業は兵庫県下でもっとも多くの犠牲者が出ましたが、それでもネギ生産で県下第一位を維持しています。それはネギの「青田売り」がネギ農家、ネギ屋、消費者が「三方よし」の関係があるからということがわかりました。（古塚秀夫）

パートⅥ「田舎と町をつなぐ力」では、生産者と消費者が「顔の見える関係」、「食育を活かした関係」などこれからの両者のあり方を示唆する事例を紹介します。また、消費地の経済圏にあった商品を扱う考え方を示します。

18：ファーマーズ・マーケットも商店街も魅力は同じ「顔が見える販売」です。関西では、マチのおばちゃんとムラの農家が、野菜や果物へのこだわりを語りあう光景がしばしば目撃されます。この対話で生まれる絆こそ、マチとムラを元気にする力の源です。（内平隆之）

19：「商圏マーケティングデータを活用した小売プロモーション」を取りあげて、有効需要の大きいエリアとされている大阪府北摂エリア（高槻市など）を対象に、関西農業の最終需要の増大

のための、食品小売業界の活性化の方向性を提示します。（岸本喜樹朗）

20：食品スーパーは、ただ安いだけの食品を販売するのではなく、国内の生産者と消費者を結び、消費者により良い食を提供することです。産直による特色ある食品の品揃えと、食育活動による消費者への食の提案を行って急成長している事例を紹介します。（小野雅之）

パートⅦ「関西農家のこれからの姿」では、関西農業の現状からさらなる飛躍を目指すためには、いかなる方法がありどのような形になるのか、を提言しています。

21：今後の経営革新の方法として、農家や集落営農組織は、独自に多様な経営革新、品質価値競争力とコスト競争力を強化することです。それにはできるだけ多くの農業者や農家グループが自覚して〈単なる業主〉から〈農企業者〉に飛躍し、お互いに助けあうことであると強調しています。（頼　平）

以上のように、関西農業における農家、農企業、農家集団は、他の地域ではあまり見られないやっぱりおもろい存在だと言えます。

PART 1 関西農業を知る

1 関西の農業と食卓のいま

藤本髙志

多くの人は「関西農業の特徴とは？」と聞かれても、なかなか思い浮かばないかもしれません。しかし、日本第二位の都市圏、古来から色濃く残る歴史と文化、コテコテで人情味溢れる人たち……古くから日本の中心地として栄えた関西、その地域と農業の特徴を統計データをもとに読みといてみると、その「狭さ」も魅力につながるような、関西ならではの「おもろい」特徴に溢れているようです。

1 本章の目的

関西は、江戸時代以前、政治・経済・文化の中心地で、日本でもっとも人口が集中した地域でした。そのため、関西では、多くの人口を養うため、二毛作が全国に先駆けて始まるなど、農業技術の先進地でした。江戸時代以降は、東京への一極集中が進みました。また、経済成長期、関西の農業は、全国に比べ、相対的に縮小しました。しかし現在でも、関西は日本で第二位の都市圏です。また関西の農業は、関西の食卓あるいは食文化を支え、都市住民に農村アメニティを提供してきました。

本章の目的は、関西農業の特徴を、全国との比較において、統計データを用いてあきらかにすることです。ただし、関西が指す地理的範囲は明確ではありません。そこで、関西＝近畿二府四県、と考えることにします。用いた統計データは、本章の最後に示しました（表）。また、近畿農業に関わる詳しい統計情報を知りたい方は、参考文献に示した近畿農政局統計部［1］や近畿農政局［2］を参考にしてください。

2 都市と農村が混在する関西

関西は古くからの人口集中地域です。関西の人口の対全国シェアは一六パーセントなのに、国土面積に占める関西の面積は七パーセントにすぎません。また、関西には平地が少なく、可住地面積率は三一パーセントにすぎません。ちなみに、同様に人口が集中する関東の可住地面積率は五六パーセントです。限られた平地は、農業の場ですが、そこに市街地も形成されたのです。

関西の農業集落は、大都市に密集し、その多くが大阪を中心とする五〇キロメートル圏、それに結びつく湖南東ベルト地域や山陽ベルト地域に位置します（梶浦他［3］）。農林水産省は全国の市町村を「都市的地域」「平地農業地域」「中間農業地域」「山間農業地域」に分類していますが、都市的地域に分類される市町村数の構成比を全国と関西で比較すれば、全国の二九パーセントに対して、関西は四九パーセントです。関西では、農村も都市も限られた平地に押し込まれ、農村と都市が混在するのです。

3　稲作をベースとする都市近郊農業

関西の耕地面積は、水田と畑を合わせて二三万四〇〇〇ヘクタールですが、その内の七八パーセントが水田です。全国の水田率が五四パーセントですから、関西には水田が多いことがわかります。また関西の農業産出額の構成は、米二八パーセント、野菜二四パーセント、果実一八パーセント、畜産一九パーセント、その他一一パーセントです。全国と比較すれば、米と果実の構成比が高く、野菜の構成比が同様で、畜産の構成比が低いと言えます。関西の農業が、稲作をベー

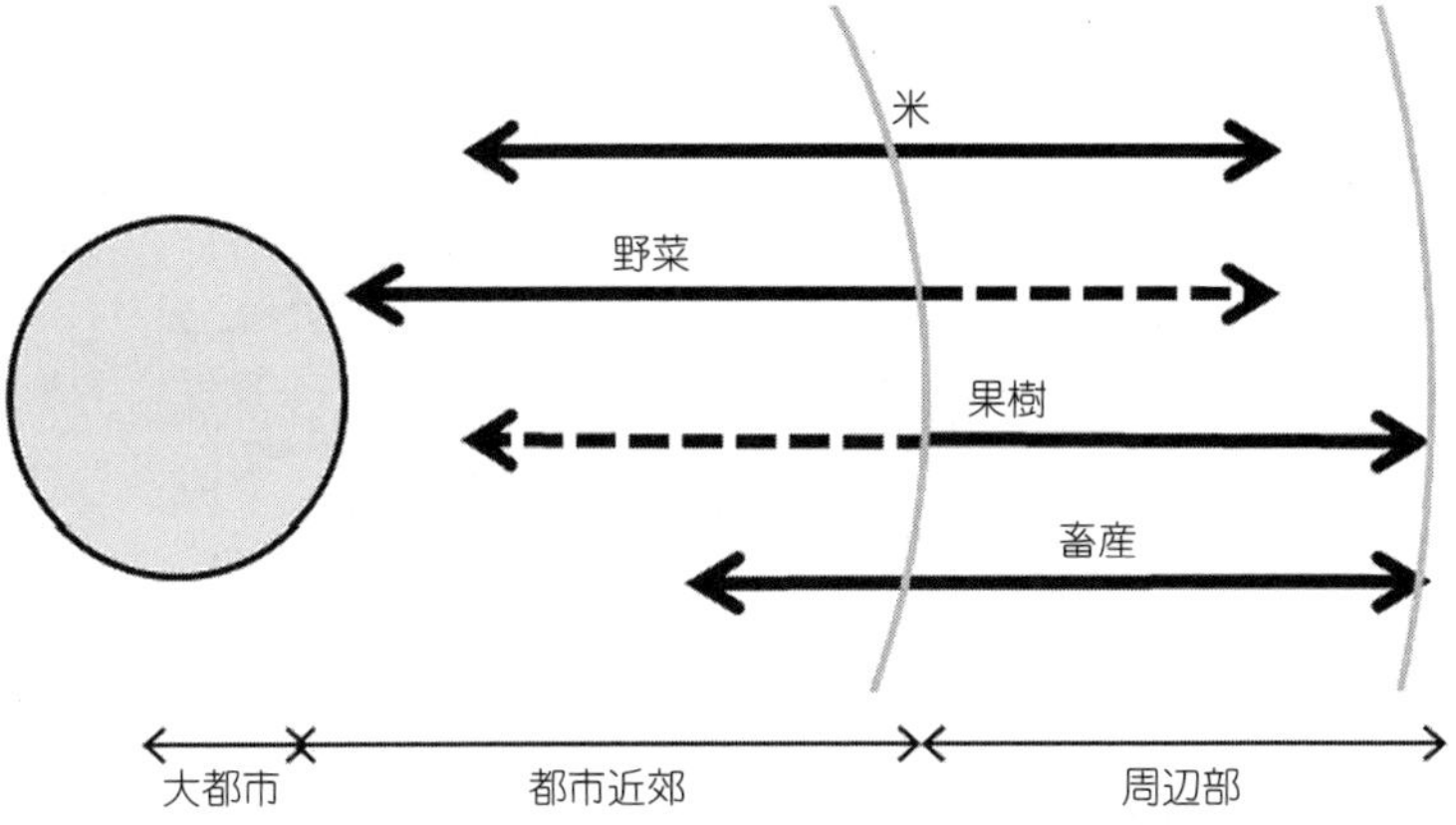

図1　関西における農業立地

注：梶浦他［3］を参考に描いた。

スとし、都市に新鮮な野菜や果実を供給する都市近郊農業であることがわかります。

図1は、関西における農業立地を描いています。実線は主要な産地の立地を、破線はそれに次ぐ産地の立地を、示します。米は関西のほぼ全域で生産されています。とくに滋賀は、豊かな水と広い土地に恵まれ、稲作が盛んです。野菜は、おもに、都市近郊地域で生産されています。果実は、おもに、近畿の南部で生産されています。果樹王国と呼ばれる和歌山は、ミカン、ウメ、カキ、ハッサクの産出額が日本一です。しかし都市近郊でも、果樹栽培は盛んです。たとえば大阪の丘陵地帯では、ブドウなど果実の生産が盛んで、観光農園など多角的な果樹経営がおこなわれています。畜産は兵庫の全域において盛んです。しかし畜産は、都市近郊にも立地し、都市にとって必要な存在と

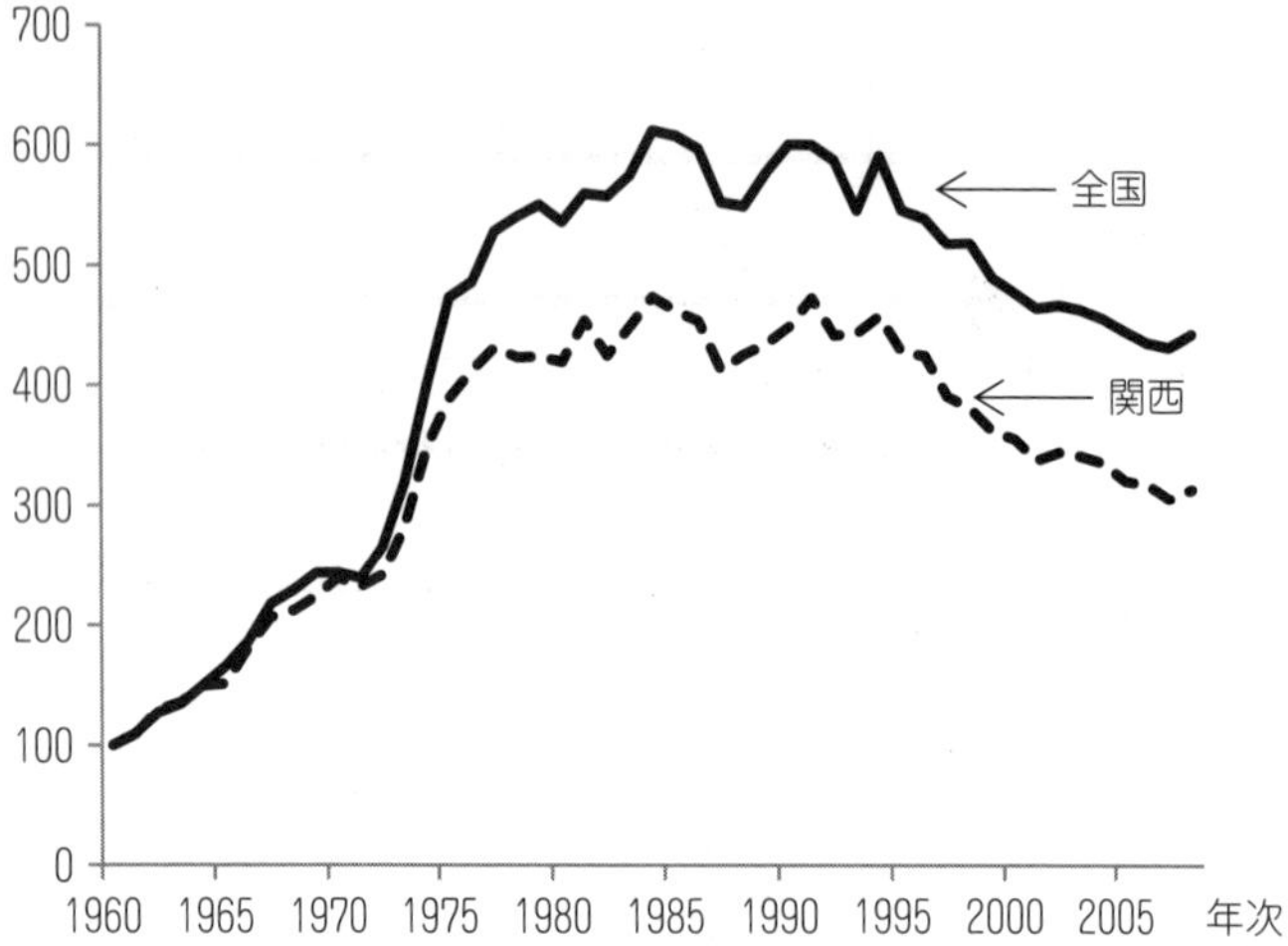

図 2　農業産出額の推移

（1960年を100とする指数）

なっています。大阪の梅酒生産量は全国の約七割を占めますが、大阪のウメビーフは、その製造時に出る廃棄物の漬け梅をえさに生産されています。都市からは大量の食品廃棄物が出ます。都市近郊の畜産は、都市の物質循環に一役買っているのです。

4　相対的に縮小した関西農業

関西の農業は、農産物を都市に供給するという、重要な役割を担っています。しかし、産出額で見れば、衰退し続けました。図2は、農業産出額の推移を、一九六〇年を一〇〇とし、全国と関西で比較しています。日本の農業は、一九八五年頃までは成長しましたが、それ以降は右肩下がりに衰退しています。関西に注目すれば、一九七〇年代半ばまでは、全国と同様に成長しましたが、一九七〇年代半ばから一九八〇年代半ばまでの間、全国の農業ほど成長しませんでした。関西の農業が、この時期、全国と比較して相対的に縮小したことがわかります。

関西の農業は、農業への労働や土地の投入という視点でも、相対的に縮小しました。一九六〇年を一〇〇とする二〇一〇年の基幹的農業従事者数は、全国の一七に対して、関西は一五です。また、一九六五年を一〇〇とする二〇一〇年の耕地面積は、全国の七六に対して、関西は六二です。経済成長期、労働力が農業から製造業やサービス業へと移動し、土地も農地から都市用地へと転用されました。近畿では、労働力の移動や土地の転用が全国よりも急激だったのです。このことは、都市と農村の混在という近畿の特徴と関連していると考えられます。農業以外の雇用の場が身近にあり、農地の転用機会も多かったのです。

5 移入に依存する関西の食卓

関西農業の相対的縮小により、関西の食卓は、地域外に大きく依存するようになりました。日本は、食料の六〇パーセントを海外依存していますが、米、野菜、果実に関しては、ほぼ自給し

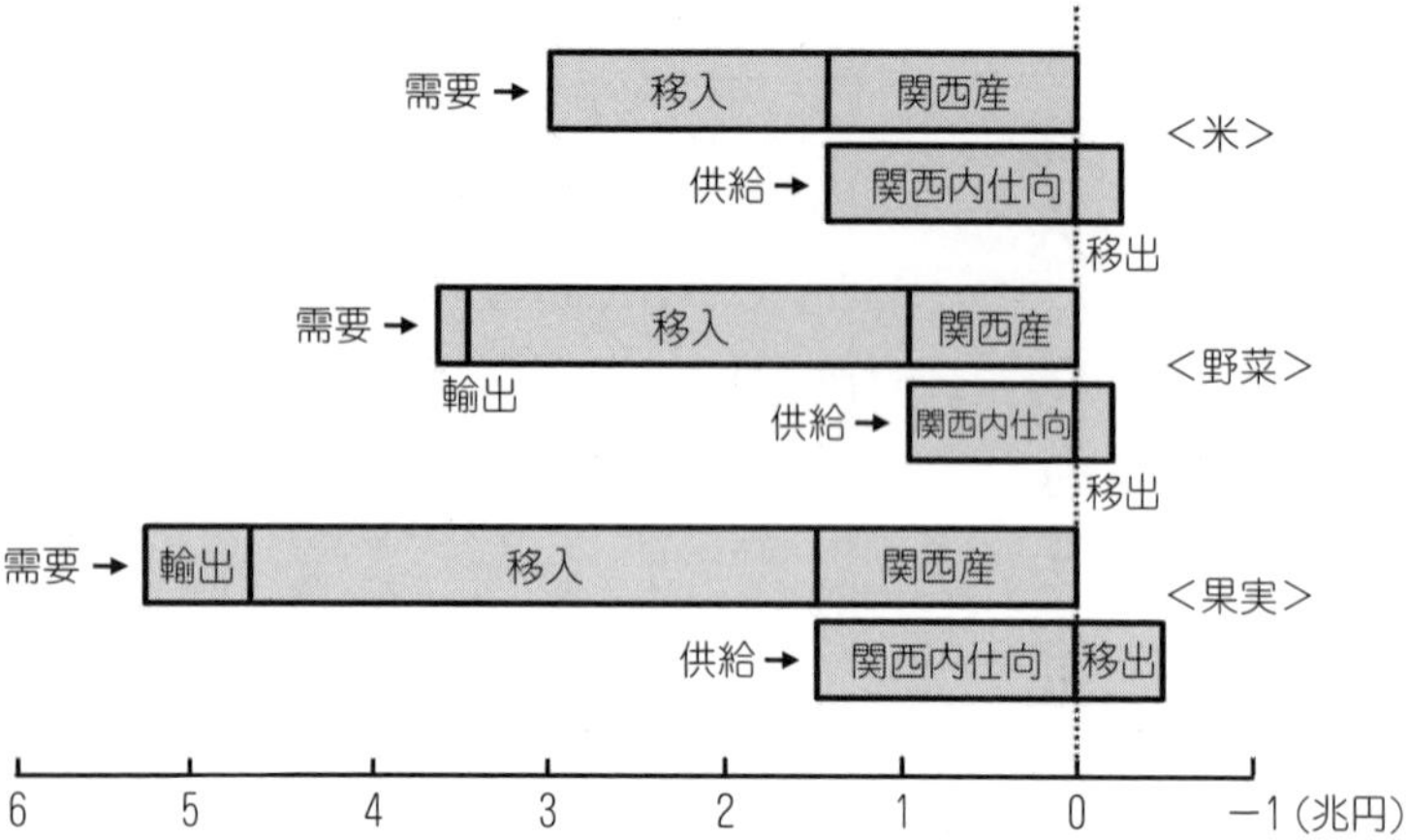

図3　関西における金額ベース農産物需給

注：近畿経済産業局「平成17年近畿地域産業連関表」より作成。

ています。しかし関西では、これら品目も、地域外に依存しています。

図3は、関西における、米、野菜、果実の金額ベースの需給を表します。各品目について、上段は、関西における需要額と、それを満たす供給額を、輸入、移入、関西産の別に表します。移入とは、関西を除く国内からの供給です。下段は、関西産の供給額を、関西向けと移出の仕向け先別に表します。移出とは、関西を除く国内への供給です。

関西では、米需要の五二パーセントの一兆五二二億円を移入に依存しています。移出される米は二六〇億円にすぎません。野菜や果実でも、需要の六九パーセントの二兆四八一億円と六一パーセントの三兆一九七億円を移入に依存しています。移出される野菜と果実は二一四億円と五〇七億円にすぎません。

関西の人口の対全国シェアは一六パーセントですが、関西の耕地面積の対全国シェアは五パーセントにすぎません。関西は、耕地に対する人口比率が高い地域です。そのため、農産物を地域外に依存せざるを得ないのです。

6 関西の農業は地産地消型

しかし注目したいのは、関西で生産された農産物のほとんどが関西で消費されている点です。図3に示すように、関西地域で生産された農産物の内、地域内へ仕向けられた金額は、米で八四パーセント、野菜で八二パーセント、果実で七五パーセントです。

関西には、京都の伝統野菜やなにわの伝統野菜のように、都市と農村の関係がはぐくんだ地域固有の野菜が数多く存在します。京都の日常的な惣菜を「おばんざい」と呼び、それを支えたのが京都の伝統野菜です。天下の台所と呼ばれた大阪の食文化を支えたのが、なにわの伝統野菜です。また、関西では牛肉の消費金額が多く、世帯当たり購入金額では、六府県全てが全国の上位一〇位に入ります。かといって、消費量が目立って多いわけではありません。高級牛肉が食べられているのです。このような食文化が、神戸牛や近江牛といった銘柄牛をはぐくんだと考えられます。

関西は、地産地消型農業の発展の可能性が高い地域と言えるでしょう。実際にも、消費者に直接販売した農家割合は、全国の二二パーセントに対して、近畿は三三パーセントです。都市と農村が混在する近畿では、消費者と農家の距離が近いのです。

本書では、地産地消の特徴的なとりくみが紹介されています。第18章では、神戸市における、商店街を活用したファーマーズマーケットの事例が紹介されます。第20章では、大阪南部で一九店舗を運営するスーパーマーケット「サンプラザ」による、大阪産農産物の産直の事例が紹介されます。

7 農業は零細だが豊かな関西の農家

関西は、耕地に対する人口比率が高い地域です。そのため、農業経営は零細です。農家一戸当たり耕地面積を比較すれば、全国の一・八ヘクタールに対して、関西では〇・九ヘクタールにすぎません。そのため、農家一戸当たり農業所得を比較すれば、全国の一〇四万円に対して、関西では五五万円です。

しかし、関西の農家は豊かです。農外所得や年金などの収入を含む農家所得は、全国の四五七万円に対して、関西は五二四万円です。また、農業所得よりも農外所得の方が多い農家の割合は、全国の七〇パーセントに対して、関西は七九パーセントです。関西の農家の多くは、農業を頼りにしなくても生活できるのです。

8 農地の番人としての関西の農家

かといって、関西の農家は、農業を簡単に捨てません。関西の農業は、全国と比較して相対的に縮小しましたが、農家数に関してはそうとは言えません。一九六〇年を一〇〇とする二〇〇五年の農家数は、全国も関西も四七です。また興味深いことに、農家の世帯員数は全国ほど減らなかったのです。一九六〇年を一〇〇とする二〇〇五年の農家世帯員数は、全国の三三に対して、関西では三五です。関西では、農業が縮小しても、農家の持続性が低いとは言えません。

農村生活が豊かであれば、農村を離れたくないでしょう。農村に住むということは、先祖から引き継いだ農地を、自分で耕すか誰かに預けるかは別として、守っていくことを意味します。関西では、食料生産の担い手としての農家の地位は低下しましたが、農地の番人としての農家の地位が低下したとは言えないのです。

9 農村アメニティの供給者としての関西の農家

その証拠に、関西の農家は、農地・水・環境といった農業資源の保全に熱心です。関西のように都市と農村が混在する地域では、水路、ため池、農道といった農業資源は都市住民にとっての共有資産でもあります。たとえば、メダカやザリガニが住む水路、ホウネンエビやカブトエビが湧く水田、春の七草や彼岸花が咲く農道は、都市住民にとってのアメニティです。そこで農林水産省は、非農家を含む地域住民による農業資源の保全に補助金を交付しています。この事業のカバー率を全国と近畿で比較すれば、全国が三五パーセントであるのに対して、近畿は五五パーセントです。

この事業によるとりくみは、本書においても紹介されています。第10章では、兵庫県豊岡市において、農家や地域住民が、コウノトリのエサとなる生き物を育む環境を再生するため、水稲の無農薬栽培や水田魚道の設置などにとりくみ、作った米を「コウノトリ育む米」とネーミングして販売する事例が紹介されます。都市と農村が混在する関西では、農村アメニティの供給者として、農家が重要な役割を果たしていると考えられます。

参考文献

［1］近畿農政局「近畿の食と農とむらのすがた」二一年度作成版。

［2］近畿農政局統計情報部「近畿農業の概要」平成二三年四月。

［3］梶浦恒男・柳沢厚・荻本 幸子・堀田 経子「近畿の都市近郊農業地域の特徴と地域タイプ：都市近郊農業地域の研究」『日本建築学会近畿支部研究報告書』一九六九 一五三―一五六頁。

表　統計指標による全国と関西（＝近畿）の比較

項　　目		単位	全国	近畿（関西）	統計資料名
人口		万人	12,751	2,081	統計でみる都道府県のすがた2009年
総土地面積		100k㎡	3,779	273	〃
可住地面積		100k㎡	1,232	85	〃
農業地域類型別市町村数		市町村	2,943	334	2005年農林業センサス
都市的地域		%	29.4	48.5	〃
平地農業地域		%	20.4	8.4	〃
中間農業地域		%	29.8	21.6	〃
山間農業地域		%	20.4	21.6	〃
耕地面積	1965年	千ha	6,004	379	昭和40年耕地及び作付面積統計
〃	2010年	千ha	4,593	234	平成22年耕地及び作付面積統計
田		%	54.3	77.6	〃
畑		%	45.7	22.4	〃
農業産出額		億円	84,662	4,658	平成20年生産農業所得統計
米		%	22.5	28.0	〃
野菜		%	24.9	24.0	〃
果実		%	8.8	17.8	〃
畜産		%	30.5	19.3	〃
その他		%	13.3	10.9	〃
基幹的農業従事者	1960年	千人	11,750	941	1960年農林業センサス
〃	2010年	千人	2,051	137	2010年農林業センサス
農産物の販売があった経営体数		千体	1,507	134	2010年農林業センサス
農協等出荷団体		%	86.9	79.8	〃
卸売市場		%	10.4	9.7	〃
小売業者		%	7.1	8.5	〃
食品製造業・外食産業		%	1.6	1.8	〃
消費者に直接販売		%	21.8	33.2	〃
その他		%	4.9	4.9	〃
総農家数	1960年	千戸	6,057	607	1960年農林業センサス
〃	2010年	千戸	2,528	256	2010年農林業センサス
主業農家		%	14.2	8.3	〃
準主業農家		%	15.4	12.7	〃
副業的農家		%	34.9	38.2	〃
自給的農家		%	35.5	40.8	〃
１戸当たり耕地面積		ha	18.2	9.1	2010年 耕地面積／総農家数
販売農家１戸当たり農業所得		万円	104	55	平成21年農業経営統計調査
〃	農家所得[1)]	万円	457	524	〃
総農家の世帯員数	1960年	千人	34,137	3,211	2005年農林業センサス
〃	2010年	千人	11,339	1,116	2005年農林業センサス
農地・水・環境保全向上対策カバー率[2)]			35.2	54.7	農地・水・環境保全向上対策実施状況について 平成23年５月

注：１）年金等の収入を含む
　　２）農振農用地内の耕地面積に対する取組面積

2 関西が先導した生鮮食品流通のゆくえ

桂 瑛一

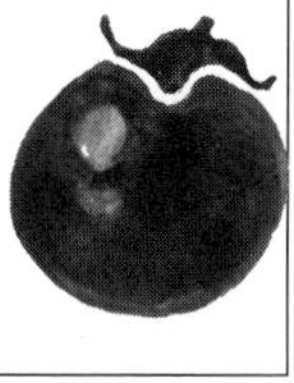

関西の先駆性に導かれてきたわが国の生鮮食品流通が転機に立っています。そこで今後の方向を考える視点を近江商人の「三方よし」に重ねてあきらかにし、①関西を源とする日本の食文化と生鮮食品流通の関連性が強いこと、②兵庫の先駆者が始めたスーパー商法に変調のきざしがみえること、③京都が先陣を切った卸売市場の取引に多様化の動きがみられることをふまえながら、生鮮食品流通のゆくえを探ってみたいと思います。

1 マーケティングの元祖は近江商人——より所になる「三方よし」——

マーケティングの考え方は少数の大企業が市場を占有する寡占《かせん》状態が広範囲に形成された二〇世紀のはじめに米国で登場します。それは自らがもたらした過剰生産に対応する寡占企業の市場の獲得・支配のための諸活動として、販売を意味するセリングでは対処しきれない戦略を盛りこもうとするものでした。寡占企業は当初は大量生産によるコスト削減を追求しますが、供給過剰による価格の暴落が相つぎ、売ることの重要性を思い知らされるのです。それでも最初は強引に売る策をこうじますがやがて消費者のニーズを充たすことが先決であることに気づきます。日本の年号でいいますと昭和の初年には「作ったものを売る」のではなく「売れるものを作る」という消費者志向の考え方こそがマーケティングの理念だとされたのでした。こうした米国発のマーケティングは戦後まもなくわが国の実業界と学界に多大の影響を与え今日に至っています。

ところが消費者志向の考え方はすでに江戸時代のわが国で大いに実践されていたのです。当時活躍した滋賀の近江商人がより所とした「買い手よし」、「売り手よし」、「世間よし」は合わせて「三方よし」と表されます。そしてそのうち「買い手よし」は消費者志向そのものですが、「三方よし」にはそれにとどまらない広い視野が含まれていることにも注目したいと思います。近江商人は行商と出店で卸売業を営みますが、遠隔の地で信頼を得たいとする思いが「三方よし」といった指針を生んだのです。もっとも近江商人に商人道を教えたのは呉服商で奉公した後に私塾を開いた京都の石田梅岩でした。当時は士農工商の身分制度のもとで商人が利益を得ることに批判があった時代ですが、梅岩は商人の利益は主君のために働く武士の俸禄と同じだと説明します。そして商人の主君ともいうべきお客が満足すれば商人に利益がもたらされ、品物は全国に流通して世のすべての人を満足させるといっています。「三方よし」そのものの考え方だといえます。

マーケティングは消費者志向を強調しますが近年は食育基本法を制定しなくてはならないほどに消費者がだらしなくなっている面があります。そんな消費者にこたえるだけでは食生活をますます崩壊に導き、国内農業が正しく評価されなくなり、後で述べるような多段階流通の大事な役割をになう流通業者の存在意義の低下も心配されます。「三方よし」ではなく「三方わるし」になってては大変です。加えて消費者がそもそも自らのニーズを知りつくすことには限界があります。消費者、生産者、流通業者が一緒になって将来のあり方を考えるという視点が欠かせないと思います。互いに情報を深く読むことにも努力を傾け、売り手は川下の情報を収集しつつ川上の情報を川下に伝達し、買い手は川上の情報を収集するとともに川下の情報を川上に伝達することが求められるのです。

マーケティングの考え方とは違って「三方よし」では売り手にも目配りをし、商人の社会貢献にも着目します。しかも「世間よし」はいわば長期的にものを考える大切さをも意味しているのです。生鮮食品に引き寄せていいますならば産地の発展と食の将来を見さだめた取引が大事であることを示しているといえます。それだけにむしろ「三方よし」をより所にしながら多様な取引活動を競い合うことが生鮮食品流通の今後に求められる課題であるように思われます。

2 関西を源とする日本の食文化
——目ざしたい食文化を支える流通——

仏教の伝来によって次第に肉食が禁じられますが、もともと肉や魚はぜいたく品で、とくに庶民の食卓は野菜が中心でした。野菜は精進物《そうじもの》とよばれ粗末な食べ物とされますが、平安時代には鍋で煮こみ、野菜自体のおいしさを引き出す工夫がなされます。素材の持ち味を尊重するこうした伝統は今日に引きつがれており、平安京の野菜の煮物料理は日本の食文化の原点だといわれています。

京都の公家に生れ曹洞宗を開いた道元は、禅僧の生活規範として中国の北宋時代に著された『禅《ぜん》苑清規《ねんしんぎ》』に学んで三徳六味《さんとくろくみ》を料理の基本にし、鎌倉時代にわが国における精進料理の基礎を築くのです。三徳とは、あっさりして、清潔で、丁寧に作ることであり、六味とは、苦（にがい）、酸（すい）、甘（あまい）、辛（からい）、鹹（塩からい）、淡（あわい）をいいます。淡味を加えることで素材の持ち味を重視する食文化にそくして精進料理の特徴を鮮明にしたといえます。他方、奈良の僧侶であった村田珠光によって始められ、大阪の千利休が完成させたとされる茶道はお茶会で懐石とよばれる料理をふるまいます。懐石には精進料理の伝統をいかし茶道における「わび」の美意識すなわち「簡素ななかの存在感」がこめられます。ご飯の他には汁と三種類のおかずを意味する一汁三菜を基本とし、自然の恵みを味わう大切さが強調され、茶道の懐石はわが国の食文化の特徴を一層確かなものにしたのです。

農家の規模が大きい欧米ではスーパーの進出とともに卸売市場が影をひそめますが、わが国では農協共販が進展しスーパーのシェアが高まっても卸売市場が健在です。わが国では欧米に比較して品質を重視する程度が高いという傾向がみられ、今日においても伝統的な食文化が引きつがれているのです。そのため産地では、消費者の品質欲求の違いを考慮して合併農協の支店や選果場ごとに出荷先を違えたり、品質の違いに応じて生産者を区分し、別ブランドで出荷したりする事例がみられます。一方、仕入の際に食品製造業が量の安定性を優先するのに対して小売業では品質が第一とされる現実が調査結果にみられます。小売業が消費者の品質志向に気をつかっている様子がうかがえます。素材の味わいを重視する食文化のもとでは量と質の変化に敏感な生産者と消費者を見すえた共販でありスーパーでなくてはならないのです。

素材の持ち味つまり品質を気にする消費とそれにこたえようとする生産を相性よく結んで適正な価格を形成するには、精度の高い生産と消費の情報が必要です。卸売市場をかなめとする生鮮食品の多段階流通は、流通業者と協同組合が介在して生産と消費の情報を手わけして収集し、卸売段階に持ちよって可能なかぎり生産と消費が見える状態にすることでその役割をはたします。わが国で相変わらず卸売市場が活躍しているのはこのような理由からです。多段階流通は取引活動の連鎖でもありますから流通過程では「三方よし」に立脚した行動が求められるといえるのです。

生鮮食品の代表格ともいうべき農産物でみますと、その競争力はコストで議論されがちですが、日本農業には品質期待の強い消費にこたえるためにコストをかけ技《わざ》を駆使してきたという面があります。それだけに品質競争にも注目すべきですし、それを支える伝統的な食文化をふまえた食の将来を展望することで流通は農業の国際競争力強化に寄与できるのです。食の乱れでその地位がゆらぎかねませんが、わが国の長寿の秘訣は食物繊維と魚や大豆を中心とするたんぱく質の摂取ならびに薄味で素材を味わう食文化に由来することが指摘されています。食文化に貢献する流通の役割をしっかりになうことは国民の健康にも役立つのです。

3 大阪に始まるスーパー商法
――必要な安売り路線の転換――

かつては手近かに八百屋や魚屋があり食料品や日用品をあきなう商店街も身近な存在でした。徒歩や自転車で買物をする消費者に便利なしくみができていたのです。しかし戦争を経験し戦後の貧しさからぬけ出そうとした世代には米国の豊かさを手にしたいとする思いも強く、米国の大型小売店（以下スーパーとよびます）に学んで小売業の生産性を高めようとする機運がたかまります。最初に米国型のスーパー商法を導入したダイエーの創業者中内㓛もそんな世代の人で、戦地での飢餓体験がスーパーを始める大きなきっかけになっています。

中内は神戸で薬問屋を営み米国の小売業の実情や米国発の流通論を書物で学んでいましたが、風邪で休んだ店員を見舞った大阪でたまたま空き店舗を見つけ、昭和三二年に開店したのがダイエーだったのです。薄利で卸す薬問屋時代にメーカーのしめつけにあい、何としても主婦がよろこぶ商売をしたいとの思いがダイエー開店のもう一つの動機になっています。中内は昭和三七年にはじめて米国のスーパーを見聞して商品の豊富さを実感します。またスーパーが独禁法に触れるほどに力を発揮していることにも感銘しています。チェーン店の増設による規模拡大が欠かせないことを教えられ、帰国後すぐにチェーン本部を立ちあげて「単品を大量かつ計画的に売る」ことを決意します。その後わが国では、はじめは繁華街にスーパーが進出しますが、自家用車が普及するにつれて米国にみられる郊外型のスーパーが増えることになります。

経済産業省の商業統計（平成一九年調査）によって食料品小売業を業態別にみてみますと、小規模食料品店（食料品の割合が五〇パーセント以上で対面販売方式の小売業）が二七万五〇〇〇店余りでもっとも多く、ついで食料品スーパー（食料品が七〇パーセント以上、売場面積が二五〇㎡以上でセルフサービス方式の小売業）が一万八〇〇〇店弱、総合スーパー（衣食住を総合的に扱い従業員五〇人以上でセルフサービス方式の小売業)が一六〇〇店弱となっています。食料品小売業の食料品販売額に占める割合では、小規模食料品店が三二パーセント、食料品スーパーが四三パーセント、総合スーパーが一一パーセントです。平成三年の調査結果との比較では、食料品スーパーで店舗数、売場面積、販売額がともに増加していますが、総合スーパーでは売場面積が増加しているものの他は減少しており、小規模食料品店ではいずれもが減少しています。

米国にならって必需性の高い商品の標準的な品質のものにしぼり、大量販売を可能にして直接メーカーに注文すれば、価格は三分の一に下げられるとする考えがスーパー業界を支配してきました。ところがそこには消費者ニーズの軽視と流通の役割に対する理解の欠如が垣間《かいま》みられます。結局は途上国の低い労働コストで生産される輸入品に頼るしかなく、過度の安売り競争が先行してしまったように思います。商業統計でみたように、最近は総合スーパーが苦戦し、食料品スーパーが健闘する傾向があり、総合スーパーが食料品スーパーに転換する動きもみられます。実は中内は店頭では品ぞろえが不可欠で大量化による低コスト化との両立の困難さを早くに見ぬいていました。スーパーをリードした論者が食文化の異なる米国を手本にしたことを正せなかったことがくやまれます。今後は「三方よし」をより所に小売業のあるべき姿をあきらかにし、底なしの安売り競争から脱却する方向を目ざすことが求められているといえます。

4 京都が先駆けた卸売市場
——期待される取引活動の改革——

江戸時代の問屋は市場を設置し、その運営、売買方法、手数料、精算などにかかわるルールをもうけて秩序の維持をはかりました。明治になりますと政府は問屋の排他的な組織であった株仲間を廃止して営業の自由を保障する策にでます。ところが市場の流通圏が広がりあらたな業者の参入で競争が激化し、伝票の改ざん、ルーズな掛け売りや前渡し金、競争相手を陥れようとするうわさの流布《るふ》といった悪質な行為が目だつようになります。青果問屋が中央卸売市場の必要性を訴えたさいには問屋市場のそうした問題をふまえ、閉鎖的な取引の是正、公開取引の推進、輸送・搬入手段の改善、貯蔵・冷蔵施設の整備などに期待をかけています。

卸売市場の改革論議は明治の末から徐々にひろがりそれを加速したのは大正七年の米騒動でした。米価の高騰で国民の不満が爆発し、すかさず適正価格と安定供給を目ざす公設小売市場が関西を皮切りに全国に作られますが、卸売市場の諸問題を解決しないかぎり根本的な対策にはならないとの声が高まります。そうしたなかで京都市はいち早く卸売市場建設の検討を始め、大正一〇年二月には「中央市場経営要項」を議決しており、それはわが国ではじめての中央卸売市場建設への具体的なとりくみでした。京都市は公設小売市場推進の背後にある安易な流通短縮論の問題性にも気づき卸売市場自体の計画のねり直しもおこなっていますが、そのときには資金の手当てができず実現には至りませんでした。

ときを同じくして国は大正一〇年二月に社会事業調査会に対し公設市場進展策を審議する要請をします。翌年九月には「公設市場改善要綱」にあわせて「中央市場設置要項」の答申がなされ、大正一二年には「中央卸売市場法案」が議会に提出され三月に公布されます。これを受けて京都市では大正一三年三月に中央卸売市場の用地確保と建設のための資金の借り入れを決定し、同年一二月にようやく願いがかない工事の着工にこぎつけています。

その一方で京都市は、中央卸売市場を建設しようとする思いが先行し、施設、業者の収容、取引方法、市の役割などの検討が不十分であるとの反省から大正一三年九月に中央卸売市場調査会を設置しますが、翌年二月には市場開設を国に申請し、同年六月に認可されています。京都市が中央卸売市場の開設を議決してから六年目の昭和二年四月にわが国における中央卸売市場の第一号が京都市に完成し同年一二月に開場するに至ったのでした。

多段階流通のかなめに位置する卸売市場の役割が大きいにもかかわらず、近年、卸売市場の卸売業者と仲卸業者の経営状態が悪化しています。そのため業者の意欲や能力の低下が心配されますが、その立てなおしには多段階流通の使命をよく認識し取引をめぐる競争を活発にすることが求められます。競争すべき取引のあり方については、生産と消費の量と質を調整する役割の充実にむけてまずは産地と卸売業者が連携をつよめ、多様なニーズにきめ細かく供給できる体制を作ることが課題だと思われます。他方、消費の側では、小売業者と仲卸業者が連携し消費者ニーズに的確にこたえることが期待されます。以上を前提に卸売業者と仲卸業者の取引を核としながらも「三方よし」を念頭において多様な取引活動を競うことが望まれるところです。

参考文献

［1］石田梅岩『都鄙問答』岩波書店、昭和五七年。
［2］平田雅彦『江戸商人の思想』日経BP社、平成二二年。
［3］熊倉功夫『日本料理の歴史』吉川弘文館、平成一九年。
［4］家森幸男『長寿食世界探検記』筑摩書房、平成一九年。
［5］『中内㓛回想録』流通科学大学、平成一九年。
［6］『京都市中央卸賣市場三十年史』京都市、昭和三二年。
［7］中村勝『近代市場制度成立史論』多賀出版、昭和五六年。

やっぱりおもろい! 関西農業

PART 2 売り方一つでこんなに変わる

3 六次産業化とグループ化で成長する農業生産法人

――京都府・こと京都㈱――

桂　明宏

実需者のニーズを的確につかみ、それに合致した農産物や加工品を作り、適切な方法で実需者に届けていくことが重要になってきています。こと京都㈱の山田敏之さんは、京野菜の代表格である九条ねぎの加工と顧客開拓を通じて、家業を京都を代表する農業生産法人へと成長させました。今は、品質の高い野菜を安定供給するために、農家のグループ化にも力を注いでいます。社長の山田さんのとりくみを追いました。

1 アパレル関係の営業職からUターン就農

社長の山田さんの家は、代々、京都市伏見区で九条ねぎを中心とした野菜栽培をしてきた農家です。農地面積は約一ヘクタール。半分はお米で、残りの半分で九条ねぎやキャベツ・小松菜などのいろいろな野菜を生産してきた典型的な都市農家でした。

山田さんは、大学を卒業後、京都と大阪のアパレル関係の会社で営業の仕事を約一〇年間勤めました。二八歳の若さで課長職になりましたが、その頃から〝起業志向〟があったといいます。他方で、農業関係の本を読んで「これからは農業の時代だ」と感じていました。ちょうどその頃、実家の事情もあって、平成七年に三二歳でUターンして家業につきました。

就農当初、山田さんは、農業を自分の仕事にするからには一億円の売り上げを達成したいと思っていました。ところが、就農した年、父と二人で売り上げた農業粗収入は約四〇〇万円。「農業は年いってからしたらいい」という周りの言葉にもめげず、農業の道を歩み始めます。祖父が亡くなったときのこと。「都市農家ですから宅地化して不動産収入を得る道もありました。しかし、ここで農業以外の〝保険〟をかけたらダメだという気持ちから、すべての農地で相続税納税猶予を受けました」と、山田さん。農業経営にかける気持ちだったといいます。

平成九年には、京野菜としてのブランド力がある九条ねぎ一本に品目を絞りました。九条ねぎなら周年栽培ができるというねらいからです。中央卸売市場に通ってせりの見学を重ね、「高値の法則」、つまり高い値のつくねぎの特徴をつかみました。また、ねぎの契約出荷も始めました。「昔の知り合いの業者さんから、毎日出してくれるならもってきてと言われて、契約出荷を始めました。商売は、毎日、約束の量を持って行くということが大切なんです。できた物をできた分だけ

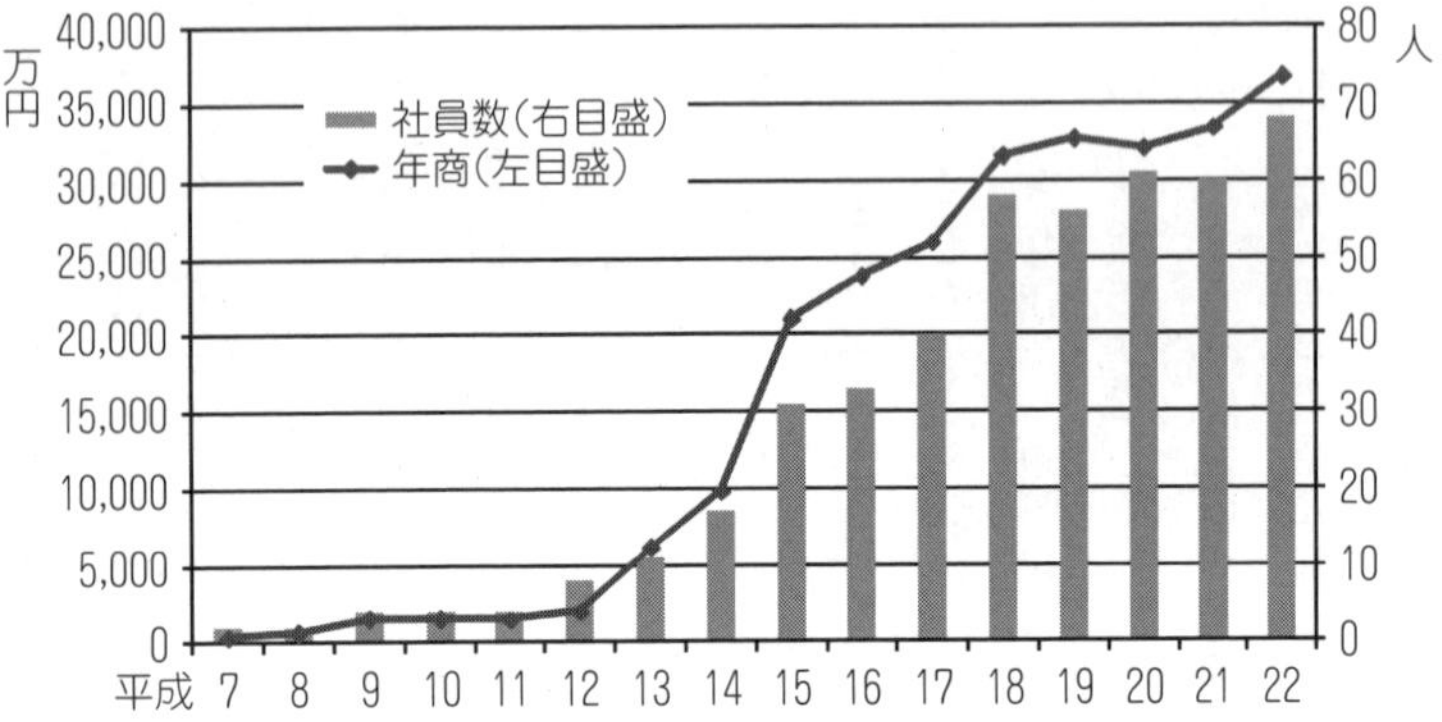

図1　こと京都（株）の年商と社員数の推移

（注）法人化前からの推移を記載している。社員のなかには、役員、正社員、パートを含む。

持って行ったのでは、商売にはなりません」。

こうした経営努力の結果、就農三年目にして売り上げは一六〇〇万円になり、就農時の四倍にまで成長しました。

2 青果の市場出荷から加工・販売の六次産業化へ

一六〇〇万円の売り上げは、ねぎ農家としては上出来でした。しかし、山田さんはそれに満足しませんでした。「確かに父は喜んでくれましたよ。しかし、私の中では、就農したときに決めた一億円の目標を曲げたくはなかった」。山田さんは、ここから徐々に経営者としての能力を発揮しはじめます。

山田さんは、一億円の目標を青果の市場出荷で達成することは難しいと判断します。「一億達成するためには六倍の量を出荷しないといけない。市場にそれだけ出したら当然値崩れします。それに、青果はどうしても市場価格の変動に左右されるため、いい月と悪い月の差が大きい」。経営を安定させるには、商売として取引できるようにしていく必要がある。また、青果ではどうしても三分の一くらいすそ物（下級品）が出る。それを何とかしたいという思いもありました。そこで、思いついたのがカットねぎでした。

カットねぎには先行業者がいました。山田さんは、早速、カットねぎを扱っている業者（〝ねぎ屋さん〟）の見学を始めます。幸い、知り合いの業者がラーメン店にねぎを卸しており、そこにカットねぎをもってこないかと誘われました。これが、青果の市場出荷から加工による契約取引関係への転換の始まりです。こうして、平成一二年に、現在の経営の中核事業になっているねぎ加工・販売の仕事を開始することになりました。

しかし、そこで課題となるのは何といっても売り先の拡大です。山田さんは、サラリーマン時代の営業経験を活かして、東京のラーメン店に飛び込み営業を始めます。バイブルは、ラーメン店のグルメガイドブック。これをもとに、二泊三日で東京に出張しては、青ねぎを使っているらしいラーメン店をしらみつぶしに歩きました。「農家が直接売り込みに来るのは初めてだと、珍しがられましてね。むしろ飛び込みでも好感を持たれたようです。相手も、他店との差別化をしたがっているように見えました。この時、〝生産者であること〟自体がセールスポイントになると感じました」と山田さんはいいます。

持ち前の営業力に加え、九条ねぎの京野菜としてのブランド力と毎日出荷できるということが強みになり、売り先は順調に増えていきました。市場価格に翻弄された時代と違い、「お宅はカットねぎを幾らで売るのか」と価格交渉ができるようになりました。山田さんは、青果から加工に踏み込んだ結果、農業経営がこれまでとは違うステージに上がったことを実感したといいます。

新規の取引先が決まったら、ねぎの生産やカット要員を新たに雇用するという方法で、堅実に販売量を増やしていきました。平成一四年に売り上げが目標の一億円に到達し、従業員も雇うことになってきたため「有限会社　竹田の子守唄」を設立しました。それと同時に、実家の農家の納屋でおこなってきたカットねぎ製造も限界になりつつあったため、カットねぎ工場を新設。供給力の強化を図りました。そこで、山田さんは、新しい売り上げ目標を三億円に定め直し、さらなる事業の発展を目指しました。

3　経営多角化と試練

ねぎの新規顧客の開拓と規模拡大が回り始め、順調に売り上げは増えていきました。四年後の平成一八年には年商三億円に到達します。しかし、必ずしもすべてが思い通りにいったわけではありませんでした。

平成一六年に、山田さんは養鶏業に参入しました。「ねぎの出荷の伸びは順調で、放っておいても三億に到達できるように思いました。そこで、あらたな事業部門に着手しようと思ったわけです」と山田さん。「新規就農者の人は、よく有機農業をやりたくて入ってくるでしょう。私も、最初はそういう農業に関心があって、その手の本を読んでいました。しかし、農業で生活をしていくためには最初から有機農業に手を出すことはできなかった。ようやくカットねぎで利益が出だしたので、自分のやりたかったことに手を出してみようと思ったんです」。安全・安心で自分が食べたいと思うような卵をつくってみたい。ねぎの畑に必要な鶏糞も確保したいということで、京都府南丹市美山町に養鶏場を建設しました。

ところが、折悪しく京都府内の養鶏場で鳥インフルエンザが発生し、開業早々卵が全く売れないという事態に直面します。そこで、今度は、その卵を使ってケーキなどを製造・小売りするということを思いつき、直営の洋菓子店まで出店しました。しかし、ここでもパティシエの確保などに苦労し、後に直営店を閉じることにもなりました。採卵鶏と菓子の部門は現在も続いていますが、洋菓子の製造はＯＥＭ（相手先ブランドによる製造）にして、自社ブランドでデパートの食品売り場やネットでの販売をしています。

養鶏と洋菓子の事業でのつまずきは、山田さんがはじめて直面した試練でした。「経験のないところに勢いだけで参入したのがいけなかったと反省しました。経営を一から勉強しなければと思いました」。そこで、山田さんは、中小企業家同友会の実践道場に半年間通って、経営のイロハから学び直したといいます。自社の強みと弱みの把握、業界分析と自社のポジショニング、社長の役割、経営理念の大切さについて学び、会社の経営指針書を作成しました。「この経営指針書は、現在でも社員全員に配って、自分たちの会社がどうやって社会に貢献していくのかという理念を共有するようにしています。そのことが、従業員のモチベーションにもつながっていると思います」。

4 生産者の思いを伝える「物語ブランディング」と農業者のグループ化

こうした試練を経て、山田さんは平成一九年に社名を「こと京都」に変更しました。会社のホームページには、「農業生産法人として人・自然に感謝し、心豊かに社会に貢献します。私たちは、古都（伝統）・事（ストーリー）・言（発信）をおこなっています」と、経営理念と社名の由来が書かれています。そこには、京都の伝統野菜を守り育てていることを消費者・実需者に伝えたいという山田さんの思いがあります。

「〝京都〟はそれだけでブランドになるが、それと同時に、我々の生産現場を知ってもらうことで、同じねぎでも我々のものを使ってもらえるようになる。現場を知らないとクレームになるものが、知ってもらうことで〝頑張ってね〟に変わります」と、山田さんはいいます。そのためには、現場からの情報発信を怠らないこと。こと京都では、毎月「ことねぎだより」という情報誌を実需者に届けています。

「お客さんが買ってくれる九条ねぎが、どこでどうやって作られたのかという〝物語〟、生産者の思いを伝えることがブランド戦略になるんです」。しかし、その裏では作業の記録やＰＤＣＡ(Plan-Do-Check-Action の略。業務改善のための手法)の実践にも気を遣っています。「農業は計算と情報の科学なんですよ」と山田さん。今年、こと京都の売り上げは約四億六〇〇〇万円に達する見込みです。

年商五億を目前にして、昨年、約三億円をかけてカットねぎ工場を新設しました。ＨＡＣＣＰ(食品衛生管理システムのひとつ)対応の最新工場です。山田さんは、この工場を足場に、あらたに一〇億円の売り上げ目標を設定。スーパーなど量販店との取引強化による販路拡大を目指しています。

いま、山田さんが力を入れているのは生産農家のグループ化。「実需者は産地と組みたがっている。だから、実需者が欲しがっているものを、こと京都以外の生産者と組んで、オーダーメードで作るということです。そのためにまず、やる気のある農業者をグループ化することが必要です」。

そんなグループのひとつ「ことねぎ会」は、こと京都にねぎを供給している契約生産者二三名のグループです。九条ねぎで農業が継続できるしくみを作る、そのためにＪＧＡＰ（農業生産工程管理手法のひとつ）を導入して高位平準化をはかり、生産計画づくりから始めて安定供給を目指すというのが「ことねぎ会」の目的です。「わが社の契約栽培農家は、以前は一〇〇軒余りありましたが、いまは限定しています。意識の同一化と高品質化を達成するためです」。現在は、会員全体で一〇ヘクタール程度だが、さらに二〇ヘクタールくらいに増やしたいと考えています。

「ことねぎ会」の会員のなかには、こと京都の研修生をへて独立した若者もいます。「ねぎは安定しているから生活の保障としてやればいい。自分のしたいこともやってみろって言っています」と山田さん。農地はこと京都の亀岡の農地の一部を使わせてあげています。こと京都では、ほかにも独立志向の研修生を受け入れているそうです。

また、新しいねぎ産地づくりを地域農家と共同でおこなうとりくみもおこなっています。「美山九条ねぎ研究会」がそれです。美山には元々こと京都直営の養鶏場とねぎ畑がありますが、こと京都としては山間部の生産者と組むことで夏場のねぎの供給力アップをねらっています。他方、地域農家としては、販路がしっかり確保されたあらたな振興作物ができることで、遊休農地が減少し地域振興にも役立つなどの期待があります。

山田さんは、農業者同士のコラボレーションの核としても活躍しています。京都市の京野菜生産者で組織する「京有機の会」のメンバーとして、市役所に近い地下街「ゼスト御池」で野菜の直売所を運営したり、府内の農業者で組織する「京都農人クラブ」との農商工連携（こと京都は〝商工〟側カウンターパート）を企画し、野菜の直売や京野菜おやきなどの開発・販売を仕掛けたり。これからはねぎを使った加工食品にも積極的にとりくもうとしています。

5 おわりに

近年、千葉の㈱和郷園、群馬のグリーンリーフ㈱など、グループ化さらにはフランチャイズ化を図る農業法人が、全国的に注目されています。こと京都もそういった農業法人のひとつといえるかもしれません。〝第二農協〟などと見る向きもありますが、意欲ある農業者を牽引力のある農業法人がまとめていく姿は、農協の組織原理とは異質のものです。新しい販路の開拓や商品企画力、スピード感のある経営展開は、優れた経営者でないと実現できないからです。

そこには、大きな目標をもってそれを形にしていく強い意志と、目標を実現するための確かな戦略、さらに経営者自身の〝学び〟がありました。それは、山田さんの「あくまで経営者として農業をやりたい」という思いに基づいています。しかし、それは自分の利益のためだけではなく、農業者仲間とのＷｉｎ－Ｗｉｎ関係の構築を通じて、京野菜と京都の農業を発展させていこうとする「社会貢献」の理念にも裏打ちされたものでした。

一〇億の目標に向けた山田さんの新しい挑戦はこれから始まります。

こと京都㈱メモ

全国のラーメン店・量販店に長ねぎ・カットねぎを直販。このほか、卵、洋菓子、ねぎを使った加工品などにもとりくむ。資本金二〇〇〇万円。年商約四・六億円。経営面積約一五ヘクタール（京都・亀岡・美山）。従業員八二名（社員二八名、パート五四名）。いずれも平成二三年データ。

ＨＰ　http://www.kotokyoto.co.jp/top.html

4 ネット販売を利用したお客さま本位の経営
——和歌山県・観音山フルーツガーデン——

髙橋信正・児玉芳典

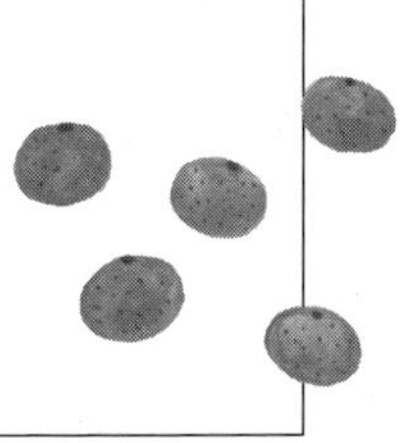

和歌山県の観音山フルーツガーデンは短期間に売上高を急激に伸ばしています。この要因をみると、第一は、代々引き継がれる園主たちの経営能力にくわえ、通常とはちがう栽培方法でおいしいミカン作りをしていることにありました。第二に、いくつかのメリットを持ったお客様本位のインターネット産直にあることが分かりました。

1 はじめに

いまや、農産物といえどもインターネットによる販売方法はけっして珍しいものではありません。多くの農家が実践していることです。ここで紹介する和歌山県紀の川市にある「紀州観音山フルーツガーデン」（以下、観音山ＦＧ）は創業一〇〇年を迎えるほどの老舗果樹園ですが、本格的にインターネット産直を始めだした平成一七年から平成二二年までの五年間に売上を七倍にまで伸ばしています。この急激な成長はあきらかにインターネット産直によるものにまちがいありません。この章では、インターネットをどのように駆使し、またどのような心構えで利用して成長してきたのかについて述べていきます。

2 進取性に富んだ歴代園主たち

「観音山ＦＧ」は、紀ノ川平野がひろがる和歌山県紀の川市（旧那賀郡粉河町）にあり、西国三三ヶ所廻りの三番札所で有名な「粉河寺」までは車で約五分の距離にあります。また、大阪との県境に位置し、関西国際空港へも車で約一時間ほどの距離です。ここは温暖な気候を利用してみかんや梅、桃などの果樹栽培が主ですが、野菜や花などの栽培もさかんにおこなわれています。

フルーツ王国和歌山で柑きつ類をおもに生産、加工、販売している観音山ＦＧは、開園が明治四四年（一九一一年）、二〇一一年で創業一〇〇年を迎えるほどの歴史ある農業経営体です。

現在は、五代目児玉典男氏が生産部門、六代目児玉芳典（この章の共同執筆者）が販売部門をおもに担当し、栽培種は温州みかんのほかに、はっさく、レモン、デコポン、ポンカン、グレープフルーツなど約三〇種類にもおよんでいます。また、加工部門には外部から人材を登用し、ジュース、ジャム、蜂蜜、ドライフルーツやシロップなどの加工品にもとりくみ、そのほか、近くの桃や柿農家の生産物を代わって販売もしています。

児玉家の代々の園主の活躍をひるがえってみます。明治四四年に初代園主・児玉吉兵衛氏が温州みかんの栽培のため観音山を開墾し、それを引きついだ二代目園主・長次郎氏が明治時代から大正時代にかけてミカンを増殖させました。昭和初年に三代目園主・正男氏は当時としては珍しく個人出荷を始め、昭和二年には地元農家のみかんを買いとり北米、朝鮮、満州へ輸出し販路をひろげていったといいます。

四代目園主・政藤氏は昭和二二年復員後若くして園主となり、農家の法人化の必要性を感じ「㈱柑香園」を設立しているのです。その後農地解放で農地の半分以上を失うものの、昭和三五年には個人出荷を再開させています。現在の五代園主・典男氏は市場出荷からスーパー・ストアや百貨店など小売店に販路を変更して売り上げを伸ばしています。このように児玉家は農家でありながら商人の感覚を持った進取性のある家系といえるでしょう。インターネット産直を受けもつ六代目園主・芳典はインターネットを通してお客様と共に喜ぶという志をもち活躍しております。

3 経営の現状と推移

まず表を見て下さい。平成一〇年に、販売先を決める際の「より広い視野」と売り手と買い手の「相互情報化」をめざす五代目園主・典男氏は自家の農業経営を自由な発想で見なおそうとします。まずこれまでの販売先であった出荷団体に出荷せず、スーパー・ストアなどの小売店と独自に契約し販路を変更し、また、「相互情報化」のためネット販売用のホームページを立ち上げました。

平成一六年に入社した六代目芳典はお客様に直接お届けして生産者の情報、和歌山の情報を伝えたいとの思いから、独自ドメインによるインターネット産直に本格的にとりくみ始めました。ホームページは小さいながらも五代目が立ち上げており、少しづつ注文も入っていましたが、大阪のスーパーへの宅配回りに取られる時間がもったいないのと同時に、何とか自分達が運ばなくてもお客様に直接お届けできるように出来ないかという思いが強くなり、ホームページを大幅リニューアルし、日々更新作業をおこないました。

その後、加工の専門家を雇用し生鮮の柑きつ類だけでなくそれらを利用したジュース、ジャム、

表　観音山フルーツガーデンの経営成果の推移

	経営内の主なできごと	売上額（万円）カッコ内はネット販売額（万円・比率）	面積（ha）	従業員数カッコ内はパートを含む（人）	顧客数（人）
平成10年	5代目児玉典男氏が市場出荷からスーパー出荷へ販売戦略の変更		4		
平成16年	6代目児玉芳典　和歌山県庁を退職し入社　スーパー出荷からインターネット産直へ強化				
平成17年		1,500（100・7％）	4	3（3）	100
平成18年	みかんジュース「とろコク搾り」の開発・販売開始　地域の農産物（桃等）の紹介・販売開始	3,000（500・17％）	4.5	4（5）	1,000
平成19年		3,600（1,000・28％）	4.5	4（8）	6,000
平成20年		5,000（3,500・70％）	4.5	5（11）	11,000
平成21年	ドライフルーツ、フルーツジャム、シロップ等の製造開始	7,500（5,500・73％）	5.5	6（13）	17,000
平成22年	コロプラとの連携開始、ゼリーの販売開始	11,000（7,500・68％）	5.5	7（16）	30,000

シロップやミカンの花からのハチミツまで加工・開発し販売製品を増やしていきます。売上高は平成一五年の一五〇〇万円（うち、ネット販売比率・七パーセント、以下同じ）であったものが、年を追うごと売上高・ネット販売比率ともに増加し、平成二二年には一億一〇〇〇万円（八〇パーセント）にも達しています。これはあきらかにネット販売の成果といえます。またこのあいだ、経営規模も従業員数も増えていきます。さらに特筆すべきは、ネット上の顧客数の上昇率で、平成一七年からの五年間にその人数は実に三〇倍にもなっているのです。（表）

観音山FGがとりくんでいる大きな課題のひとつに地域活性化があります。農業者一戸一戸が経営体として経済的に自立することが地域の活性化につながると考えています。消費者からの要望もふまえ、当園で栽培していない桃やイチジク、梨などのフルーツを栽培している地元農家に代わって販売し地域の活性化に一役買っています。

4　おいしいミカンづくり技術へのこだわり

前節で述べましたような経営成果の急激な伸長の要因は、第一に、おいしいミカンを作るための栽培技術へのこだわり、第二に、インターネット産直における消費者へのおもてなしの心を持った対応とそれを表したホームページづくりにあると、筆者たちは考えています。

五代目園主・典男氏のおいしいミカンづくりのこだわりの第一は、糖度へのこだわりです。ミカンの評価は糖度計で測った糖度が高いほどおいしいと判断され、そんなミカンを作る技術をめざすのが一般的でしたが、それに異を唱えたのです。典男氏は、ミカンの味覚は甘み（果糖・蔗糖・ブドウ糖）と酸味（アミノ酸・クエン酸）の微妙な組み合わせであり、「酸味のある甘いミカン」がおいしいミカンと考え、「糖度至上主義」でない方向、その栽培方法にこだわったのです。

それを実現するために、まず、収穫過程のあらゆる過程でおきる、独特のエグ味をもたらす〝打ち痛み〟を失くすようにしました。ミカンの収穫の時、選果の時、包装の時、発送の時、配達の時などでおきる〝打ち痛み〟のショックを受けないように「卵をあつかうような」丁寧な作業に徹しました。一人あたりの収穫量などの作業効率は悪くなりますが、その効果はお客様からの、昔なつかしいお味ですね、という喜びの言葉で返ってきています。

また、栽培面のこだわりとして施肥方法があります。気象不順で樹勢が衰えた時以外は化学肥料を使わず、肥料は主として有機肥料で、鶏糞、牛糞、木くず、草などを発酵させた自家製堆肥と魚粉、米ぬか、豆腐カスなど購入肥料を用います。樹園での雑草対策の除草剤もスポット散布程度で、それで充分間に合っています。

5 インターネット産直のメリット

つぎに、観音山ＦＧの飛躍的な成長のもとになったと考えられるホームページづくりとお客様対応の心構えなどについて、インターネット産直の販売担当の五代目・芳典に直接語ってもらいます。

芳典はインターネット産直によるメリットとして次の三項目をあげています。

（1）「お客様の声が直接聞ける」

ネットショップをしていますと、「アクセス統計」などを利用して、お客様はどの商品に興味があるのかどうかも、一目瞭然でわかり、栽培品種の導入にも大きく役立ちます。たとえば、レモンがすぐに完売になるなら、春に植える品種でレモンを多くすればよく、こちらの都合で品種を選ぶのではなく、お客様ありきの品種選別をおこなうことができます。樹が成木になり生産量が増えたとしても、そこにお客様がついてくれていさえすれば豊作貧乏という言葉とは無縁になると考えています。

（2）「田舎に仕事を持ってこられる」

ネット産直では、流通は宅配業者にお願いするものの、生産だけでなくパッキングやお客様への対応などの仕事を田舎に持って来ることができ、地域の活性化にもつながると考えています。

（3）「商品をより新鮮な状態でお届けできる」

お客様の味や鮮度へのご期待にお応えできると考えています。やはり、スーパーや量販店では、流通工程が一～二日必要で、さらに店頭に並べられている時間もあるため、鮮度は落ちます。産地からの産直システムにまさる鮮度はないのではないかと考えています。みかんの場合はショックを受けても色が変わらないため傷みが分かりません。しかし、ショックを受けた実と受けていないみかんの実では味が大きく変わるため、手選別をした実を召し上がっていただいたお客様には、大変満足していただける味でお届けできます。地域の農業者の方の桃やイチジクも、収穫したその日の桃を東京でも翌日の午前中着でお客様にお届けできるため、ぎりぎりまで樹上で完熟した実をお客様にお届けすることができるのです。

6 ページづくりで気を付けていること

芳典はさらに続けて次のように語っています。

(1)「人とは直接会っていないが、お店を経営しているということ」

ネット販売というと、ホームページさえ作っておけば、自動的に注文が入り、あとは発送するだけと考えられている人達がまだまだ多いですが、ネット販売も店頭販売も基本的に同じです。お客様からの問い合わせやお礼メールもありますし、店頭販売では必須の宣伝広告ももちろんネット上でおこないます。確かにネット上のお付き合いではありますが、店頭販売と同じように売る努力、お客様へのご対応、アフターフォロー、リピーター対策などをおこないます。

(2)「お客様の声を聞き、ともにページを作っていく」

当園でもとくに力を入れているのが「お客様のお声」をいかに頂けるかどうかというところです。「お客様のお声」は、自分達の仕事の意義、会社の存在意義を教えてくれ、仕事に使命感を与えてくれます。また、それもなるべくＦＡＸの手書きで頂き、許可を得、リアルな情報としてホームページの「皆様のお声」のページにも掲載させて頂いています。このリアルな声が、これから ご購入されようとしているお客様への第三者的評価となり、お店の信頼感やご購入への後押しにつながってくれています。

（3）「人の顔を多く入れる、しかも笑顔で」

当園のホームページでは、より多くの登場人物をご紹介するようにしています。よく言われる「人は人にとても興味がある。」ということです。だから、和歌山で頑張っておられる農業者の方や当園のスタッフなどの写真を出来るだけ入れるようにしています（写真）。もちろんフルーツの写真も入れますが、フルーツだけの写真ではなく、人の手が入っていたり、人が商品を抱いていたり、人のぬくもりを一緒に入れるようにしています。

（4）「お客様目線のコピーライティング」

画像に何かコピーライティングをするとき、最初の頃は、みかんなら「ハズレの無い甘くておいしいみかんです。」とこちら目線の文言がほとんどでした。しかし、お客様目線の言葉が大切ではないか、と考えるようになりました。「お客様目線」とは、前述のみかんなら、「そうそう！こんなハズレ

写真　観音山を背景に、バンザイのポーズ。
後列中央が5代目（典男さん）、左端が6代目（芳典：筆者）

の無いみかんを探していたんだ！」というお客様の感想のような文言になるかと思います。サイトを見ているお客様は、頭で理解したいのではなく、共感して購入したいのだと思っています。いかにお客様の立場になって、共感したコピーライティングを書けるかどうかも、重要な部分かと思います。

7 おわりに

観音山ＦＧがこの五年間に売上を七倍にするなど急成長した要因に、おいしいミカンを作る技術へのこだわりとインターネット産直の独自の方法があることを示しました。筆者の一人の児玉芳典が好きな言葉に、伝統的な近江商人の商業理念を伝える「三方よし」という言葉があります。「売り手よし、買い手よし、世間よし」です。売り手と買い手だけでなく、その取引が社会全体をも利することを意味しています。観音山ＦＧはまさにこの言葉の実践を目指しているといって良いと思います。ただの果物ではなく、生産現場の情報や想いのこもった「果物語り」として、お客様に届け喜んでもらい、地域農業者の方々のフルーツを代わって産直で販売して地元の農家に喜んでもらい、それらを見てまた利益を上げ自分らも喜ぶ、この循環をきずき、世間よしを作っていくことをめざしていると言えます。

5 消費者に軸足をおき、未来を切り拓く農業に挑戦

──京都府・㈱エチエ農産の輝き──

尾松数憲

消費者の「農産物」を選ぶ「眼」は厳しく、その基準は社会の動きや変化を敏感に反映していきます。農産物を栽培、加工、販売する者にはこの動きや変化を「消費者の立場」に立ちながらキャッチし、動きを先取りしていく先駆性が求められます。この実践こそが、未来を切り拓き、元気な農業を築き上げる一つの重要なキーワードになるのではないでしょうか。

1 はじめに

農家にとって、どのような農産物を作り、だれに売れば継続して販売でき、安定した収入がえられるのかはつねに大きな課題となっています。農産物を購入した消費者から「新鮮で、おいし

かったよ。」との声が返ってきたときは最高にうれしい、という農家の声をよく耳にします。

筆者は、永年にわたって農産物を「買う立場」に立って、京都生協でマーケティングなどの仕事に関わり、農村の現場を見て、多くの農家の皆さんに接してきました。

近年、BSE感染牛、雪印乳業事件、中国産冷凍餃子への農薬メタミドホス混入事件、また、昨年三月一一日の福島第一原発事故による放射性物質の汚染など、「食の安全」をめぐって重大な事故が頻発しました。これらを背景に、食品の安全への関心が高まり、消費者はより高い質の安全・安心を求めるようになりました。国の食品安全行政も「消費者に軸足」をおき、「食品安全基本法」の制定やJAS法などの改正、リスク管理に係るしくみなどが整備されました。しかし、これらは、筆者が仕事をしてきた京都生協では四〇年前から言ってきたことであり、とりくんできた課題も多くあります。筆者は農産物を買う消費者の立場から、京丹後市の㈱エチエ農産を通して、消費者が求める農産物の姿や消費者に信頼されるものを栽培する農家とは、どのようなとりくみをおこなっているのかを考察し、「先駆性」をもち「消費者に軸足をおいた」農業や農家の方向性と一つのモデルを探り、「元気な農業」の源泉を提示します。

2 エチエ農産の出発
――経営基盤の確立と株式会社化――

京丹後市久美浜町女布の越江雅夫さん（一九五〇年生まれ）は、もとＪＡ職員でしたが、平成六年、四四歳で退職し専業農家になりました。それは、もともと農業が好きだったことにくわえ、地域の農業基盤が弱まっていくのに心を痛め、何とか農業・農村を守りたいとの思いから自立したのです。地域で、二四人の農家から休耕田や管理ができなくなった田畑を賃借し、農地を守りながら生産規模の拡大をおこなっています。また、京丹後市（宮津市含む）では、国が実施主体となり、事業費五六二億円が投入され、昭和五八年から平成一四年まで、二〇年の歳月をかけて、農地造成六九〇ヘクタール、ほ場一三四ヘクタールが「丹後国営農場」として整備されました。この一環で、平成六年に、自家所有の山林二ヘクタールも丹後国営農場として造成されたため、越江さんは新しく七ヘクタールの畑を取得し、耕作をはじめました。耕作面積が広がり、所得も一定規模になったこともあり、将来に向けて農業経営の基盤を確立し、目標をもった農業をめざしたいとの思いが強まり、一農家経営から、資本金二〇〇〇万円で、株式会社エチエ農産（以下、略して「エチエ農産」と呼ぶ）を平成一九年五月に設立しました。

写真1　右から越江雅夫さん、奥さん、息子さんの奥さん、息子さん

この背景には、生産量や販売高をふやすためには、社会的に通用する販売者責任をあきらかにし、金融機関や行政との関係を築いていきたいという強い思いと、一農家よりも、社会的に信用される法人格をもった組織にしたいとの考えによるものです。最初は、農業法人や有限会社などの組織を検討されましたが、農業法人設立条件での構成員の問題、平成一七年の有限会社法廃止にともなう会社法施行の中で、株式会社の組織を選択されたのです。役員は、代表取締役越江雅夫さん、取締役越江敏江（妻）さん、取締役越江昭公（長男）さんの家族で構成され、二人の若い社員、数十名のパート社員が働いています。この若い社員らは将来、就農の希望をもって働いています。社長は株式会社化により『『決算報告書』で一年間の経営実績がクリアーになり、次年度への意欲が高まり、なによりも、法人格をも

ち社会的信用が高まってきた」と語っています。

3 販売高は五年で二倍に

現在、水田一〇ヘクタール、畑七ヘクタールを耕作し、野菜は丹後国営農地で大根、京野菜の聖護院大根、日の菜、甘藷、玉葱、枝豆などを栽培しています。平成二一年度の販売実績は米穀二七一九万円、葉たばこ二八八万円、野菜九五五万円、作業受託収入一四九三万円、総計五四五七万円で、二三年度には総計七四〇〇万円になっています。平成一七年からの五年間で販売高は二倍に成長しています。

平成七年から農業作業の効率化・機械化にも積極的にとりくみました。大型トラックター四台、一度に六列の苗を植えることができる乗用田植機（六条植え）、稲刈りから脱穀までできる大型コンバイン、平成八年には、倉庫内の米の大型乾燥調製施設・ミニライスセンター（大型乾燥機七基）を導入し、保管、精米、袋詰め、出荷と一貫した作業の流れを確立し、よりおいしい、精米したての米を消費者に届けようと、作業の近代化、効率化を図っています。これらには五〇〇〇万円以上の投資をおこないました。

4 エチエ農産の三つのこだわり

エチエ農産のこだわりは大きく三つあります。第一は、安全・安心「本物の食材」をつくる農業の実践ということです。なによりも今日消費者が求める一級品を目標にし、環境に優しく、安全・安心で新鮮な農産物の栽培をおこなっています。化学肥料や農薬による安全への不安、環境汚染などが問題になってくる中で、平成一六年には、環境に優しい農業を推進する「エコファーマー」の資格を取得し、大根、聖護院大根、日の菜、甘藷、玉ねぎ、里芋、人参などは無農薬で栽培しています。土づくりは、一〇アールあたり有機堆肥三トン、有機肥料一〇〇キログラムを使い、京都府の「持続性の高い農業生産方式の導入に関する指針」にもとづく、環境保全型農業にも意欲的にとりくみ、有機JAS規格の認定も取得されました。米のほ場にはタニシ、オタマジャクシ、ドジョウなどの水生生物がふえてきているといいます。

おいしく、安全・安心な商品づくりでは、農薬使用や土づくり、肥料の使用などにこだわり、栽培内容に特徴をもたせ、一般市販品との「差別化」をおこなっています。たとえば、米は栽培方法ごとに五種類の米を栽培しています。その栽培特徴と平成二三年度の消費者向け販売価格を

写真2　実験農場にて（中央）、市長（左端）も参加

見てみると、まず、もっとも安全性が高い「農薬や化学肥料を全く使用しない『有機ＪＡＳ表示米』」を八〇アールのほ場で栽培し、五キロ三五〇〇円、一〇キロ七〇〇〇円で販売し、次に、通常栽培に比べ、化学合成農薬、化学肥料をともに五割以上節減した「特別栽培米」を五五〇アールで栽培し、五キロ二五〇〇円、一〇キロ五〇〇〇円で販売されています。他に、慣行栽培のコシヒカリがあります。また、新羽二重もち米を一ヘクタール栽培し、五キロ二五〇〇円、一〇キロ五〇〇〇円で販売されています。丹後のコシヒカリは平成一九年から二一年、二三年と四年間特Ａの認定を受けています。さらに京都の西京味噌には加工米を一七〇アール栽培し、出荷されています。

　京丹後市では、丹後産コシヒカリのブランド力向上をめざして、農薬や化学肥料を一切使用しない安全・安心でおいしい米づくりの普及を図るため、平成二一年度から三ケ年計画で「トライアル農地水稲有機栽培実験事業」と呼ぶ生産の目標となる客観的で、わかりやすい栽培基準づくりを進めています。エチエ農産も、このとりくみに参加し、完全有機・無農薬米「丹後コシヒカリ」栽培に挑戦しています。京都嵐山の料亭〝京都吉兆〟の総料理長である徳岡邦夫さんらも、栽培プロジェクトチームに入り、安全でおいしい米づくりのアドバイスをしています。

第二は近年、「第六次産業」が注目される中で、エチエ農産は平成二一年には聖護院大根を使った「千切り大根」を開発し、年間四〇〇キログラムを生産し、広島の惣菜メーカーに出荷し、広島駅などで販売されている弁当に使用されています。平成二三年は、有機栽培で作った生姜をおいしく煮込んだ商品「生姜のたいたん」「生姜ごはんの素」を商品化し、近畿農政局から六次産業商品の認定を受けました。また、京都の酒米品種「祝」を栽培し、JAへの出荷や京丹後市内の造り酒屋の熊野酒造に契約販売し、そこでは「久美浜浪漫」の呼称で地酒をつくり、二〇〇〇本が限定販売されています。このように、あらたな付加価値をつけ収益性を高める農業にも挑戦しています。

第三は、既存のJA出荷とともに、新しい販売ルートと販売方法の開発です。越江社長は、パソコンを使った情報処理にも優れ、つねにカメラを持参し、地域の行事、野菜、米の成育状況をタイムリーに写真にとり、自社のホームページなどで情報公開をおこない、生協、ホテル、料亭などの販売先に商品の価値を伝え理解していただけるように努めています。また、販売方法の一つとして、ホームページからインターネットでの受注システムも開発しています。このシステムで米、野菜の販売をおこない、とくに、ユニークなのは野菜の「自ら野菜の詰め合わせBOX」や「一品ボックス」などの野菜詰め合わせ箱商品を開発していることです。ボックスに入る野菜は季節によって変えながら、特別栽培野菜である長大根、聖護院大根、白菜、キャベツ、里芋、ごぼう、大蕪などを「エコファーマーの私が栽培しました」と宣伝し、販売しています。価格は二〇〇〇円～二五〇〇円で、平成二二年は、年間三〇〇箱の注文を受けたといいます。有機JAS規格の玉ねぎは、糖度が一一度～一三度程あり、サラダで食べたら抜群の味と、京都府立医科大学・京都府立大学生協のサラダメニューや、東京早稲田のオリジナルのインド式カレー専門店「夢民さん」らで使用されています。平成二一年三月にはテレビ東京の「出没！アド街ック天国」という番組で「夢民さん」が取り上げられ、材料の玉ねぎがスパイスになっていると話題を呼びました。

5 エチエ農産のさらなる挑戦

エチエ農産の挑戦はまだまだ続きます。挑戦の第一は、平成二三年一月には地域の生産者六人で一緒に手を携えようと「丹後熊野農産物生産者グループ」を設立し、京都生協のコープ二条駅店に農産物の出荷を始めました。社長は、自分の会社のことだけはなく、地元の生産者が元気になること、消費者と生産者のつながりをより太くすること、そのために何ができるかを考えながら、事業の幅を広げていっています。挑戦の第二は、多彩な人脈ネットワークを生かした商品の販売網の拡大です。大阪、京都での商談会や展示会にも積極的に参加し、ＪＴＢ、阪急や阪神グループ、大丸などのバイヤーらと商談を通し販売のネットワークを広げています。

6 嫌われ者を地域振興に役立てる

挑戦の第三は、これまで農作物を荒らす厄介者として嫌われている鹿、猪を重要なタンパク源・食材として活用するとりくみです。

今日、農家は鳥獣害被害に泣かされ、京丹後市では、鹿、猪による農産物被害は一億円近くになっています。農作物を食べ荒らす厄介者として嫌われていたものを食材として活用するあらたなとりくみが始まりました。エチエ農産では、猪によるさつま芋被害、鹿による野菜をはじめ稲の若葉への被害の大きさに困り、地域の猟友会の友人らと協力し、必死で銃や檻で捕獲し、殺し、山中に埋めてきました。しかし、社長ら農家や猟友会の中で、嫌われ者の鹿・猪肉の有効活用の声が高まり京丹波市にその活用を上申しました。平成二一年二月、市は「猪、鹿肉有効活用研究会」をつくり、広く市民から意見を集め、検討をおこなってきました。この結果、「猪、鹿を貴重なタンパク源として捉え、廃棄するのではなく食肉として利用し、農村振興にも役立てよう」との考えをまとめました。その具体化として檻による捕獲機能の強化や平成二二年五月には、総工費九〇〇〇万円をかけ解体処理場「京たんご　ぼたん・もみじ比治の里」を設立しました。この施設は、鹿、猪の一次処理・熟成・二次処理施設をもち、年間八〇〇頭の処理をおこなっています。また、捕獲から運搬そして受け入れ時の個体点検、施設の衛生管理、処理作業の注意点などの「ガイドライン・マニュアル」を策定し、衛生管理にも力を入れています。肉は京丹後市内の旅館での活用、道の駅での販売が始まっています。この肉の利用を広げようと、NPO法人日本都市農村交流ネットワーク協会の女性会員達が、京都市中京区の「町屋レストラン・ビストロ山形」の協力で、家庭料理本『わが家で楽しむジビエ料理』を出版しました。筆者も監事として関わっている京都府立医科大学・京都府立大学生協は、京丹後市の考えに賛同し、農業振興にも貢献しようと、この鹿肉を使った「低カロリー・低脂肪、あっさり風味・たんご彩もみじカレー」を一皿四一〇円で販売に入っています。レトルトパックカレーも開発し、学生から提案された可愛いデザインの包装で一パック三〇〇円で販売をしています。また、府職員が組合員である京都

写真３　大学生の農村体験・鳴門金時の収穫体験風景

府庁生協も三月から販売をはじめました。製造は奈良県の社会福祉法人「青葉仁会」(デリカテッセンイーハトーヴ)に委託しています。これは障がい者雇用の場をふやし、手作りでおいしい「鹿肉カレー」をつくってもらおうとの願いを込めたとりくみでもあります。このように、「嫌われ者」の鹿猪肉が、京丹後市、社会福祉法人「青葉仁会」、生協の三者共同事業のかけ橋を作り上げました。

7　消費者との交流を大切に

挑戦の第四は、消費者に、食材や農業農村の現場を知ってもらうことの実践です。京阪神の都市住民や京都の大学生を迎え、田植え、稲刈り、甘藷、大根の収穫体験、新米羽二重を使った〝もちつき大会〟

など、生産者との交流会を積極的にとりくんでいます。

毎年、一〇月には、京都府立医科大学・京都府立大学・京都橘大学・大阪農業大学校などの学生を迎え、〝収穫祭〟を開き、若い学生達に囲まれながら、農産物について熱っぽく語っているようすは本当に情熱的で、楽しそうです。越江社長の目は、未来の農業を見つめ輝いています。

8 知事賞、全国環境保全型農業推進会議会長賞を受賞

京都府とＪＡ京都中央会は、平成二三年一〇月、「平成二三年度京都府環境にやさしい農業推進コンクール」で受賞四団体を発表しました。この中で、エチエ農産の時代を先取りする循環型実践での先駆的なとりくみが評価され、最高賞の京都府知事賞に輝きました。また、第一七回（平成二三年度）環境保全型農業コンクールにおいて、「優秀賞」（全国環境保全型農業推進会議会長賞）に輝き、三月二六日、ルビノ京都堀川で開催された「近畿地区環境保全型農業推進シンポジウム」で、越江さんより「環境にやさしい農業」と題して報告されました。

9 おわりに

以上のようにエチエ農産は、時代にあった農業の「先駆性」をもち、買う人つまり、消費者に軸足をおいた農業のあり方の一つのモデルであり、農業の「元気」を創造するための源泉を提示しています。

それは、第一に消費者にしっかり目線をおき、おいしく安全・安心で、環境に優しい農産物の生産を実践し、消費者との連携や交流を大切に考えていること、第二に、地域社会の農業にも目線をおき、休耕田や耕作放棄地をなくすために何ができるのかを考えながら地域の振興や鳥獣害被害をなくすとりくみを進めていること、第三に、JAなどの販売ルートを基本におきながらも、自らの力で、販路の拡大や販売方法・システムを開発するために積極的に行動していること、第四に、あらたに地域の生産者に呼びかけ、農産物の出荷グループを立ち上げ、力を協同しあって販売力を強めてきていること、第五に、商品の付加価値を高めるために第六次産業化事業にも積極的にとりくんでいること、第六に農業経営基盤を確立しながら事業経営を家族による「株式会社」方式で実践し、社会的な信用を拡大していることなど、多くの特徴をもっています。まさにこれらが、「元気な農業」をつくり上げる「源泉」になっているのではないでしょうか。

参考文献

［1］京丹後市「農業農村振興ビジョン」平成二〇年三月。

［2］京丹後市「生物多様性を育む農業推進計画」平成二三年六月。

［3］京丹後市「農産物流通戦略」平成二四年三月。

［4］拙著「京都府内農業の振興をめざす新たなる試み『食料・農業・農村基本法』と京都府生産・消費連携推進協議会活動」『生活協同組合研究』三〇一号　日本生協連　平成四年。

6 新しいネットワークによるバラの生産・販売
――奈良県・平群温室バラ組合の挑戦――

宮部和幸

バラの生産・販売をめぐる環境は厳しさを増していますが、奈良県平群《へぐり》町の平群温室バラ組合の後継者たちは、困難を次々と乗り越え、果敢にチャレンジしています。その経営の特徴は、人と人とのつきあい方である「新しいネットワーク」と、そのネットワークを通して得られた戦略的な情報、さらにその情報をベースとした彼ら全員による「改善」にあります。

1 はじめに――問われる生き残り戦略――

〝花の女王〟と呼ばれているバラは、輸入が急増し、国内の市場価格の低迷が目立っています。バラの生産者は、いかにして自らの経営を維持・存続させていくか、生き残り戦略が問われています。

こうしたなか、奈良県平群町における「新しいネットワーク」で展開する後継者たちによる平群温室バラ組合（以下では「組合」といいます）の「したたかさ」に、生き残り戦略を見いだすことができます。

しかし、この組合には、組織をぐいぐい引っ張るような強力なリーダーがいるのではなく、スポットライトが当てられ続けるような目立った存在でもけっしてありません。また、とくに恵まれた環境にあったというわけでもありません。むしろ組合は、終始、向かい風が吹く厳しい環境に置かれてきたといえます。それでも、どうして後継者たちは、困難を乗り越え、チャレンジし続けることができたのでしょうか。それはどうやら、彼らを取り巻く関係者との、人と人との「おつきあい」、すなわち、新しいネットワークとその活用に鍵が隠されているのです。

2 平群町でのバラ温室栽培のはじまり

組合のある奈良県平群町は、県北西部の大阪府との県境に位置し、京阪奈都市圏の一角にあります。町内には近鉄生駒線や名阪自動車道などに接続する国道が通り、大阪市・奈良市の中心部へは一時間足らずで行くことができますが、とくに観光客を呼び込むようなスポットや施設などはありません。都市近郊にみられる、どこにでもある農村といったほうがいいでしょう。

この平群町にバラの温室栽培が導入されたのは、第一次オイルショックの昭和四八年にさかのぼります。町内の若く、力みなぎる七人の農業者が同町の山沿いにある福貴《ふき》地区で、当時まだ栽培技術が確立していなかったバラの温室栽培を始めました。福貴地区は、露地野菜の生産を中心とした地域ですが、その土地基盤条件の悪さから規模拡大は容易ではありませんでした。そのうえ、オイルショックという強い向かい風が吹くなか、七人の農業者、まさに〝七人の侍〟が、バラの温室栽培に立ち上がったのです。

彼らは、共同で平群温室バラ組合を設立し、国の第二次農業構造改善事業（昭和四八〜五一年）を導入し、農地の集積と団地化を進め、協業によるバラの周年栽培を開始しました。当時、一八棟を連ねるバラ温室は、〝東洋一〟とまでいわれた規模でした。また彼らは、卸売市場での信用を得るため、共選共販システムを整備して、徹底した選花をおこない、「平群のバラ」として市場での確固たる地位を築きました。

3 後継者たちの挑戦

この七人の侍の背中を見て育った子どもたちは、平成に入ってから、次々と父親たちのバラ生産・販売を引き継ぐことになります。現在、六人の後継者、三一歳から四五歳までの後継者が、組合を担っています。

個々の後継者は、経営を引き継いで以降、それぞれが規模拡大を進め、平成二三年現在、組合全体の施設面積は三・三ヘクタールになります。バラ生産経営の平均栽培面積が三〇アール程度ですから、いかに大規模温室であることかがわかります。省力化などにも積極的にとりくみ、施設面積の約七割にあたる二・二ヘクタールはロックウール栽培となっています。栽培品種は一〇〇以上におよび、これほどの品種を生産・販売している経営は、全国的にみても珍しいといえます。大阪市場を中心として、年間の販売額は一億七〇〇〇万円、組合はもはや不動な地位を確立しています。

後継者たちは、単に親の経営を引き継いだだけではありません。柔軟な発想をもつ彼らは、次々とあらたなとりくみに挑みます。彼らが最初にとりくんだのが、バラ苗の生産・販売ビジネスでした。

バラ苗生産・販売ビジネスに乗り出す

ロックウール栽培の場合、三年から五年に一度、バラの改植をおこなわなければなりません。組合の苗はそれまで、すべて種苗会社から購入していました。しかし、購入苗の立ち枯れ病などの被害や、品質不良による納期の遅れなど、購入苗をめぐる問題が持ちあがり、加えて、バラ価格の低迷下では、不安定なバラ生産を少しでも改良することも重要な課題となっていました。

写真１　バラ苗の生産・販売ビジネス

写真２　ロックウール栽培

　そこで、後継者たちは、今後の組合のあり方についての議論を重ね、良質なバラ苗の安定供給を目指すには、自らが苗生産・販売ビジネスにとりくむしかないとの結論に至ります。町や県、そして農協などの関係者の指導・支援を受けながら、経営構造対策事業の導入を通して、温室団地内にバラ育苗施設を建設しました。同時に、組合を母体に苗生産・販売ビジネスのみをおこなう別組織として、「バラ苗生産組合」を平成一五年に設立しました。

フラワーショップ「Heguri Rose」のオープン

　こうして苗の問題が少しずつ解消されてくると、次に、丹精を込めて栽培・収穫したバラを、どのように消費者に届ければよいのか、彼らの関心はマーケティングに移っていきます。彼らは視察や勉強会を重ね、ここでも自らがバラを販売するほかないと考え、平成一七年、バラを直接販売するためのフラワーショップ「Heguri Rose」をオープンします。店舗は、一〇〇品種余りのバラとその魅力を引き立たせる器や雑貨を取り扱うバラ専門店

写真3、4　バラの専門店・Heguri　Rose

です。店舗は組合に隣接しており、店頭には収穫・選別したバラが常時二〇から三〇品種並んでいます。

顧客は近隣の消費者が中心ですが、高品質で鮮度の高い多様なバラが手に入ることから、車で一時間以上かけて来店する顧客も少なくありません。ショップのコンセプトは、低価格で勝負するのではなく、品質の良いバラを供給し、バラのある暮らしを提供することにあります。すなわち、バラを飾る喜びや楽しみという〝体験〟そのものを提案しており、一般の直売所とは明確に差別化が図られています。

4 新しいネットワークづくり

こうした後継者による挑戦は、彼らを取り巻く関係者との新しいおつきあい、つまり新しいネットワークと関係しています。彼らのネットワークをみますと、次のことがわかります。

一つは、彼らを取り巻く、新しく、かつ多様なジャンルの関係者とのネットワークが形成されてきていることです。父親たちが築いてきたネットワーク、それは、町役場の職員、栽培指導などをおこなう県の普及センター職員、販売・貯金などでお世話になる農協職員、出荷先の卸売市場の卸売業者など、いわば農家にみられる〝定番〟のおつきあいです。そこへ、彼らがバラ苗の生産・販売ビジネスにとりくむことによって、種苗会社の関係者、誰よりも早くバラの新品種・花色などを知っている研究・販売スタッフや、組合のバラ苗を購入する全国に広がる先進的なバラ生産者などとの新しいおつきあいが始まりました。他方、バラ専門のフラワーショップをオープンしたことで、家庭でバラを飾る消費者はもちろんのこと、花器・雑貨を取り扱う業者などとのネットワークがあらたに加わりました。

二つは、こうした彼らのネットワークを観察すると、「近所づきあい型」と「遠距離づきあい型」の二つのタイプのネットワークがみられることです。近所づきあい型のネットワークとは、普段から頻繁に連絡・相談をおこなう、濃密で、かつ継続的・規則的な繋がりをもったおつきあいを指します。具体的には、日々の販売や出荷でお世話になる農協や卸売市場の卸売業者、フラワーショップでバラを購入する近隣の顧客などです。これは近所づきあいですから、地理的・空間的にみても彼らの近くに存在する関係者となります。一方、遠距離づきあい型のネットワークとは、何か問題が発生したり、事が起こらなければ連絡しない、つまり連続性のない不規則な繋がりをもったおつきあいを指しています。種苗会社の研究スタッフなどがそれですが、地理的・空間的にみても、遠い位置に存在する関係者たちです。

三つは、この二つの異なるタイプのネットワークのバランスを保ちながら、経営に活かしていることです。近所づきあい型のネットワークは、旧来のネットワークであり、父親達から受け継いだネットワークであるといえます。彼らは、それを大切にしながらも、それに埋もれることもなく、あらたなネットワーク――その多くは遠距離づきあい型のネットワークですが――ともネットワークのバランスをとりながら、ネットワークによって得られた情報を経営に反映しているのです。

一般に、本当に大切な情報とは、紙に書いてあるようなものではありません。それは人と人とのおつきあい、すなわち、ネットワークを通して得られる〝生〟の情報にあるのです。とくに遠距離づきあい型のネットワークを通して得られる情報は、雑音が少なくクリアーで、戦略的な内容を含んだ情報である場合が多いものです。

5 平群温室バラ組合のしたたかさ――生き残り戦略を探る――

花屋さんに行けば、さまざまな色や形の花が目に入ります。そして店に何度も足を運べば、季節ごとに花色や出回る花の種類が違うことや、今、どのような色の花が流行しているのかもわかってきます。花のなかでも、バラは品種が多いうえに、毎年のように流行する品種や花色が目まぐるしく変化する花です。一般に、花き生産経営の成長・発展は、新品種・花色にかかわる、いわゆる戦略的な情報をいち早く収集し、それを経営にどう活かすかにかかっているといえます。そして種苗会社は、世界のトレンドを見据え、多くの資金をかけて、有望な品種・花色などを必死に探索・開発しています。したがって、平群温室バラ組合のメンバーは、種苗会社のスタッフなどと遠距離づきあい型のネットワークを形成することで、こうした貴重な情報を迅速にかつ正確に入手することができるのです。

さらに彼らは、そのバラ苗を育て、栽培・収穫したバラを自らのフラワーショップで販売することで、顧客などから、より実証的な情報も得ることができます。つまり、消費者が求めているのはどのようなバラなのか、本当に知りたい情報を正確につかむことも可能となったのです。

もっとも彼らのしたたかさは、こうした新しいネットワークを通して情報をつかむことだけにあるのではありません。彼らの本当のしたたかさは、新しいネットワークを通して情報を得たのちに、六人全員が知恵を出し合って、その情報を基にとりくみ課題を設定し、「改善」することにあるといえます。たとえば、種苗会社から新品種の情報を得ても、その新品種を導入する場合には、自らのハウスでうまく栽培できるかどうかの実験が必要です。またその実験には栽培の技や創意工夫も伴わなければなりません。彼らは、各施設において、お互いに新品種の導入実験をおこない、そこでの問題点を持ち寄り、その解決に向けての改善活動をおこなっているのです。また毎週開催する定期的なミーティングと課題解決のための不定期なミーティング、そして個々の役割分担を明確にしたうえで、自律し、相互に連携・協力（相互扶助）しています。問題があれば皆で話し合い、その課題解決に向けて全力でとりくむ姿勢が貫かれています。つまり、ネットワークを通して得られた有益な情報を、皆で知恵を出し合って改善し、自分たちのものにすること、それが彼らの経営の維持・存続に繋がっているのです。そこに彼らの本当のしたたかさがあり、彼らの生き残り戦略であるといえるのです。

参考文献

［1］西口敏宏著『遠距離交際と近所づきあい――成功する組織ネットワーク戦略』NTT出版、二〇〇七年。

［2］今井正明著『カイゼン――日本企業が国際競争で成功した経営ノウハウ　復刻版』日本経済新聞出版社、二〇一〇年。

やっぱりおもろい！関西農業

PART 3

こだわりの関西農業

7 京都・丹後に美味《うま》い米あり
―コシヒカリ栽培五〇年の軌跡―

中村均司

京都府の丹後地域は、米の食味ランキングで最高ランクの「特A」評価のコシヒカリを生産する西日本屈指のおいしい米の産地です。そのおいしさの秘密は、丹後の自然風土のもとでコシヒカリのおいしさを引きだしてきた農家の意欲と栽培技術です。丹後産コシヒカリの五〇年の軌跡から、米に対する農家と技術者の熱い思いや地域からの期待を感じとることができるでしょう。

1 はじめに

丹後地域は京都府の北部、日本海に突き出た丹後半島に位置し、二市二町（宮津市・与謝野町・伊根町・京丹後市）からなる面積八四〇平方キロメートルの地域です。京都府の経営規模三ヘクター

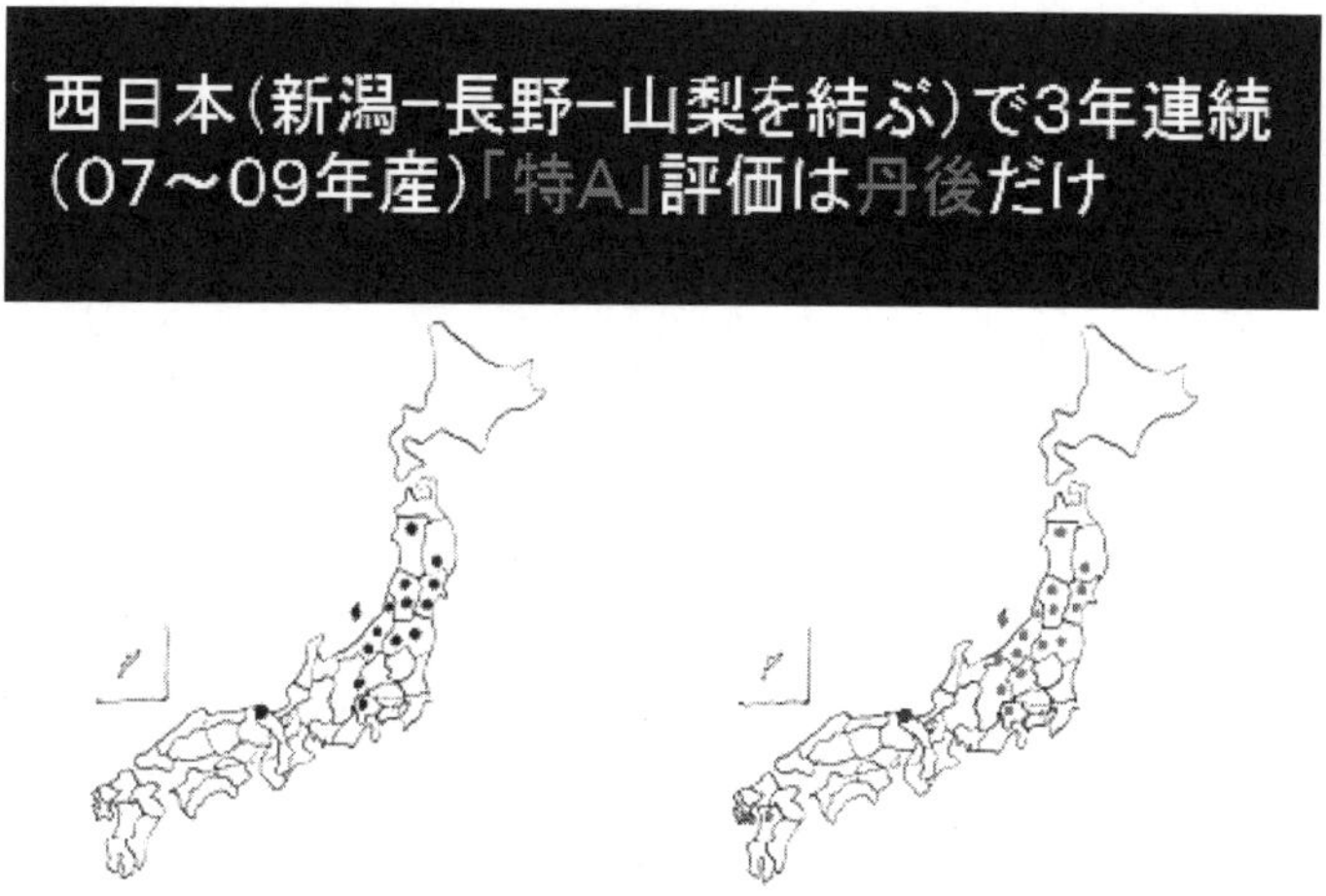
西日本（新潟ー長野ー山梨を結ぶ）で3年連続
（07～09年産）「特A」評価は丹後だけ

07年（19年度）米食味ランキングの「特Ａ」産地
—全国17産地銘柄—

08年（20年度）米食味ランキングの「特Ａ」産地
—全国21産地銘柄—

図1　平成19・20年産米の食味ランキング「特Ａ」産地

ル以上の経営体の半数近くがこの地域にあるなど府内でも農業の盛んな地域で、近年は丹後国営農地開発事業の造成畑で大規模な畑作営農も展開されています。一方で京都を代表する良質米の産地であり、現在も農業粗生産額の五割を米が占めています。米の作付面積は約三七〇〇ヘクタールで生産量は約一万九〇〇〇トン、うち九〇パーセント以上がコシヒカリです（平成二二年数値）。

　丹後産コシヒカリは平成一九年から三年連続で財団法人・日本穀物検定協会の実施する米の食味ランキングで魚沼産コシヒカリと同じ最高ランクの「特Ａ」評価を得ています。農家の高齢化や地球温暖化による気象変動のなかでの「特Ａ」評価は、農家だけでなく丹後地域全体を活気づけています（図1）。

おいしい米が生産されるためには、自然条件（風土）、稲の品種、栽培技術（人）の三つの要素が不可欠です。自然条件には気温・降水量・日照などの気象条件と土質、水、地形などが含まれます。丹後の自然条件のもとで、栽培技術を駆使してコシヒカリのよさを引きだし、おいしい米が作られているのです。さらには農家の米作りへの意欲や産地体制も重要です。以下、これらの各要素を中心に、そのおいしさの秘密を探っていきましょう。

2 丹後の自然条件——昼夜の温度格差、水、土——

丹後地域の気象は典型的な日本海型気象です。年平均気温は一三・九度、年降水量は二一五〇ミリ、年日照時間は一四五八時間（京都府丹後農業研究所のデータから）です。丹後地域の気象の特徴として、夏季の昼夜の温度格差が大きいこと、冬季の降水量が多いこと、冬季の日照時間が少ないことがあげられます。晩秋の一一月には丹後特有の「うらにし」という晴天の少ない日が続き、一二月には初雪がみられます。年間降水量の多さと年間日照時間の少なさは、一一月から三月中ごろまでの雪や雨の日の多さが原因です。

しかし、梅雨期間を除く四月から一〇月の日照時間は比較的多いこと、夏季の昼夜の温度格差の大きいことが稲の生育には好都合です。また、冬季の降水や雪は丹後半島のブナ林などに蓄えられ、冷たくミネラルの多い清澄な灌漑水となって水田をうるおします。

土壌は花崗岩由来の砂質ないし壌土質が多く、適切な肥培管理をおこなうことによって高い生産力と味のよい米の生産が可能となる土壌です。

丹後半島の山地から流れる小河川が谷を刻んで小さな沖積水田や棚田が開け、それらの小河川が合流した野田川・竹野川・佐濃谷川・川上谷川などの河川ぞいに穀倉地帯が形成されています。山間部から海岸沿いまで地域によって水田の立地条件に違いはありますが、おいしいお米を生産するための気象・水・土壌の自然条件を生かした米作りが丹後地域の各地区でおこなわれています。

3 落第生から優等生へ
――コシヒカリの丹後への導入――

昭和二八年、福井県農事試験場から、品種になる前の有望系統「越南一七号」が京都府立農事試験場丹後支場（現京都府農林水産技術センター丹後農業研究所。以下「丹後農研」と略称）に分譲され試作されます。その結果は、供試された四八種の中で最低の収量八九・六キログラム／一〇アールしかなく、「生産力上がらず試験中止せんとするもの」との評価で、たった一年で試験は打ち切られます。昭和三二年に丹後地方での早期栽培に関する試験に「コシヒカリ」（前年に「越南一七号」は水稲農林一〇〇号「コシヒカリ」として命名され、品種として登録）として再登場し、三年間の栽培試験で「極有望」との評価を得て、昭和三七年に京都府奨励品種に採用されます。昭和二八年では落第生だった「コシヒカリ」が昭和三二年以降で有望視されたのはなぜでしょうか。その理由は田植え時期の違いです。昭和二八年の田植日は六月一九日から二〇日に対し、昭和三二年は五月九日、三三年は同六日、三四年は同四日と一か月以上も早かったのです。早植えすることによって生育量が増し収量が確保できたのです。同時に、この間に「保温折衷苗代」や「ニカメイチュウ防除」などの早植えを可能とする栽培技術の確立がありました。

ところで「コシヒカリ」のもとになった稲は、昭和一九年新潟県農事試験場で「農林二二号」と「農林一号」との交配で作られました。母方の農林二二号の先祖をさかのぼると「朝日」という稲にたどりつきます。朝日は、明治四二年に京都府乙訓郡向日町物集女（現向日市）の農家山本新次郎が「日ノ出」の中から選抜して朝日と命名し、京都府農業試験場で「旭」に改名された品種です。「旭＝京都旭」は、精米歩留まりがよく、ほどよい甘さのある上品な味わいで、昭和初期、西日本における良質米として一時代を画した米であったと語り継がれています。

一方、父方の農林一号は、京都府亀岡市出身の並河成資《なびかしげすけ》が、昭和六年に農林省農事試験場北陸水稲試験地（新潟県長岡市）で育成した品種です。農林一号も「陸羽一三二号」や「亀の尾四号」の良食味米の系譜を受け継いでいます。並河成資の育成した農林一号の功績として、①冷害や病虫害による凶作から寒冷地の農家を救済、②昭和二一・二二年の端境期に北陸で生産された早場米・農林一号によって数百万人とも推測された敗戦直後の餓死者を出さず食糧危機を救った、③今日のコシヒカリなどの良食味稲の交配主としての役割、があげられています。

このようにコシヒカリは、父方から良食味の東の横綱「陸羽一三二号」、母方から西の横綱「朝日」の食味を受け継いだ品種で、その生い立ちにおいて京都や西日本の農家と技術者たちの米への想いがこもった品種です。そして、米作りにかける先人の遺伝子は、現在でも、丹後や西日本の農家に脈々と受け継がれているといってよいでしょう。

4　多収穫からおいしい米づくりへ——コシヒカリの良さを引き出す——

戦後の食糧難の時期、丹後地域でも米増産のとりくみは活発におこなわれました。昭和三一年～四三年の京都府内各市町村の水稲単収またはその上昇率をみてみると、上位に丹後地域の各市町がランクされています。代表的な水田地帯を有する弥栄町（現京丹後市弥栄町）の単収は、昭和二〇年代では京都府内の市町村の中で二〇番台であったものが、昭和三八年に初めて京都府内トップの単収を記録し、以降四〇年代には七回も府内で一番になります。こうした多収穫時代に今日のおいしい米づくりの技術的な基礎が構築されました。

米増産時代の昭和三七年、コシヒカリは京都府の奨励品種に採用され、早植栽培体系とともに丹後地域に導入されますが、倒伏しやすい、いもち病に弱いなどの欠点がありました。そのため、当初はおいしい米として農家の自家用に作られ、主力品種は日本晴れ・中生新千本・ヤマビコでした。ところが、昭和四二年の史上空前の豊作と翌四三年の豊作によって米の在庫が一気に増加し、四五年から生産調整（減反政策）が開始されました。

米あまりの時代に直面して、これからはコシヒカリやササニシキといったおいしい米でなければ売れない、という産地の危機感から、コシヒカリを安定して生産することがめざされ、昭和四七年、丹後地域の農協と市町を会員（事務局を農協がもち、京都府の関係機関はオブザーバーとして参加）とする丹後米改良協会が組織されました。農家と農協、行政が一体となってコシヒカリの栽培拡大にとりくむ体制が確立され、この体制は現在まで続いています（図2）。

一方、昭和四〇年代中ごろから田植機・コンバイン・乾燥機などの機械化が次々と実現し、それまでの労働集約的な手作業中心の稲作から技術体系の大転換期となりました。これらの作業体系の変化と並行してコシヒカリが普及拡大していきました。丹後米改良協会の栽培技術指導の変遷をみてみると、昭和四〇年代から五〇年代は「こけないコシヒカリの作り方」に精力が注がれ、昭和六〇年代から平成一一年ごろまでは「安定多収と省力栽培の推進」が図られました。この時期は、側条施肥・打ち込み直播・緩効性肥料による元肥一発栽培・うすまき育苗、深水栽培などの新技術の導入や実証がおこなわれました。平成一二年ごろから現在は良食味米生産と温暖化対応技術を中心にとりくまれています。

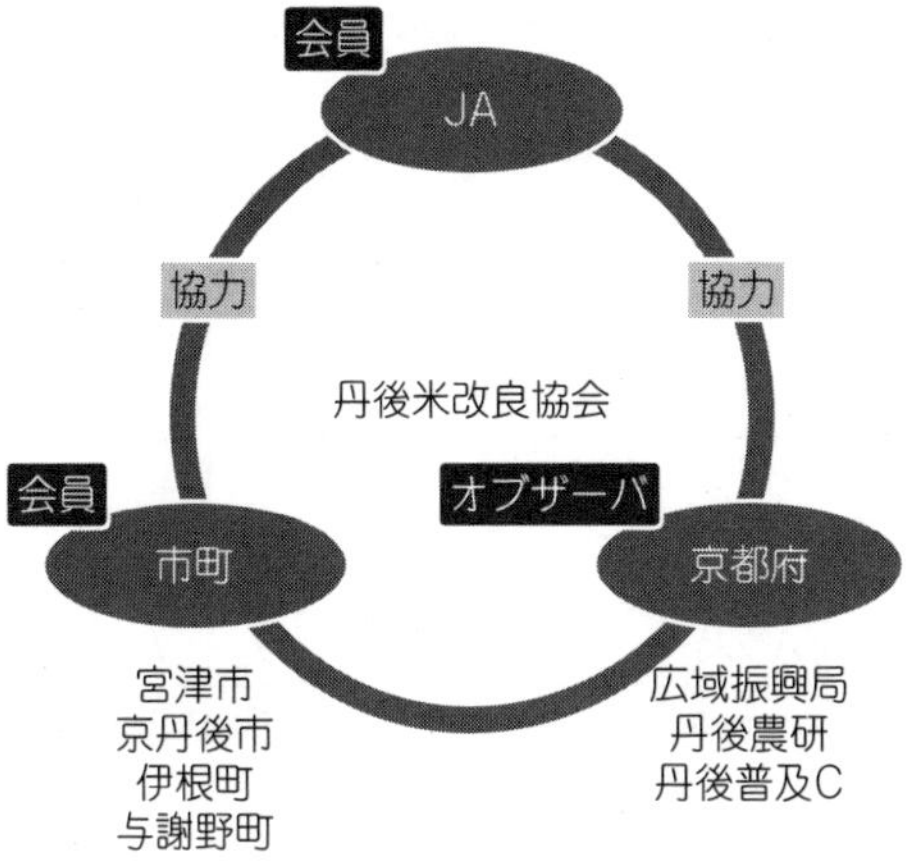

図2　丹後米改良協会の体制

丹後産コシヒカリが（財）日本穀物検定協会の実施する米の食味コンクールに初めて応募したのは、丹後米改良協会が結成された昭和四七年でした。以後、応募した年はほとんど最高位の評価を得てきました（表）。平成に入り、現行の特Aを設けた五段階方式になってから、元年と二年・四年は特A評価を得ますが、それ以降は特Aを獲得できず、平成一一年には中位のA′評価にまで落ちてしまいます。この年は米が白濁する乳白米が多発し、さらに、平成一四年には品質の良くない白未熟粒が激発して一等

表　（財）日本穀物検定協会の食味ランキングにおける丹後米の成績

年	46	47	48	49	50	51	52	53	54	55	56	57	58
応募等	－	○	－	－	○	○	○	○	－	－	○	－	○
結果	－	A	－	－	A	A	A	A	－	－	A	－	A
評価法	A、B、Cの3段階評価						A、A′、B、B′、Cの5段階評価						
年	59	60	61	62	63	H元	2	3	4	5	6	7	8
応募等	○	○	○	○	○	○	○	○	○	○	○	○	○
結果	A	A	A	A′	A	特A	特A	A	特A	A	A	A	A
評価法	A～Cの5段階評価					特A、A、A′、B、B′の5段階評価							
年	9	10	11	12	13	14	15	16	17	18	19	20	21
応募等	○	○	○	○	○	○	○	○	○	○	○	○	○
結果	A	A	A′	A	A	A	特A	特A	A	A	特A	特A	特A
評価法	特A、A、A′、B、B′の5段階評価												

米比率が三〇パーセントを切る危機的な状態になりました。こうした現象の主な原因は地球温暖化による気温上昇の影響であることがあきらかになり、田植え時期を遅らせる（遅植え）、植え付け本数や株間を広くする（疎植）、効果のゆるやかな肥料を使う（緩効性肥料）、二回目の穂肥を減らす、などの対策が打ちだされます。また、丹後米改良協会では平成一二年から「丹後良食味米共励会」を開催し、農家の生産意欲を喚起するとともに、こうした地球温暖化の影響を回避する技術対策をすすめました。こうした産地をあげたとりくみの結果、平成一五年に、一一年ぶりに特A復帰を果たしました。

丹後米改良協会の主な活動として、「栽培ごよみ」や「稲作管理情報」の発行、「良食味米展示ほ」の設置やポイント時期での「青空教室」の開催、丹後産コシヒカリのPRポスターの作成と配布などをあげられます。最近は携帯メールを利用したリアルタイムの情報提供をおこなっており、このサービスの利用者は三〇〇人以上に達しています。

5 「丹後こしひかり物語」

――流通・販売の現状と課題――

平成二〇年一〇月末、丹後農研の講堂で「丹後産コシヒカリのおいしさの秘密」をテーマにしたセミナーが開催されました。参加者は農家と農業関係者だけでなく、宿泊施設のおかみさんやホテルの支配人、調理人、観光関係者の姿が注目されました。丹後地域では、毎年一一月六日がカニ漁の解禁日で、この日から冬季の観光シーズンが本格的にスタートします。丹後を訪れる観光客に対し、おかみさんたちからカニ料理とともに丹後の米の話を語ってもらおうとのねらいで開催されたもので、観光業関係者を対象にしたこうしたセミナーは初めてのことです。すでに丹後産のおいしい米は丹後観光の売りの一つになっていましたが、おかみさんたちがそのおいしさの秘密や農家の努力を語ることによって、お客さんの満足度は一層増し、一方、観光関係者の丹後米に対する理解と愛着はさらに深まっていきました。浦島太郎物語や羽衣伝説、安寿と厨子王、大江山の鬼退治など、物語や伝説の宝庫である丹後に、地域で語り継ぐ新しい物語＝「丹後こしひかり物語」の誕生です。

このように丹後産コシヒカリはおいしい米として消費者にも知られ定着してきましたが、米の販売価格や農家経営の向上に十分生かされていないことが課題です。その原因は流通販売の多様化と、流通関係業者の間で思いが異なっており、共通したとりくみができにくいことがあげられます。しかし、最近、生産農家や営農組織などが、自分の生産した米を地域ブランドとして有利に販売するケースが増えています。事例として、与謝野町の「京の豆っこ米」のとりくみがあります。これは合併前の旧加悦町で、平成一三年、豆腐工場から出るおからを主原料とした「おから・米ぬか・魚のあら」を原料とする有機質肥料を町の有機物施設で製造し、これを使用した自然循環農業を推進したことから始まります。環境にやさしい安心・良食味を追及した米を「京の豆っこ米」としてブランド化に努め、平成二〇年から大手スーパーで契約販売されています。京の豆っこ米は、平成二二年には町内の水稲作付面積の二割近い一一八ヘクタール、栽培農家一二〇戸に広まっています。京丹後市では有機栽培の実証田が、農家や料理人、消費者を巻き込んで設置されています。このように栽培技術面では「環境」を、流通・販売面では「消費者の信頼とブランド化」を軸にしたとりくみが、丹後一円でとりくまれています。

6　むすび

米が豊作の年は、米を作ってきた父ちゃん、母ちゃんだけでなく、爺ちゃん、婆ちゃん、そして子供たちまでニコニコと家族みなの笑顔がはじけます。日本人にとって米はそのような作物です。平成一九年に丹後産コシヒカリが特Aに復帰したときは、丹後地域全体と京都府農業に元気と自信を与えました。米は地域にとってもそのようなパワーと影響力を持った作物です。また、新潟県―長野県―山梨県を結ぶラインより西の西日本でコシヒカリでは唯一の三年連続「特A」を獲得し、温暖化の進むなかで西日本の米作り農家に励みを与えました。

丹後の農家の米づくりに対する熱意には頭が下がります。昭和九年生まれのSさんはパソコンの出だしたころ、ベーシック言語を使い、稲の幼穂の長さで出穂の日を予測する複雑な計算式（逆対数EPX式）を使いこなしていました。また、農家と技術者とで丹後一円の水田ほ場を見て回ったとき、Fさんは稲がよく育っている水田の土をビニール袋に採取しました。私の勤めていた丹後農研には農家の人がよく来られますし、府道や町道に面している試験ほ場ではバイクや車を止めて、職員に話しかけてくる農家がしばしば見られました。このような光景を見るとき、丹後の農家は研究熱心だけでなく、米づくりが好きなんだ、と思ったものです。また、昭和五五年の冷夏の年にイモチ病でコシヒカリの収穫が皆無になるなど、かつて冷害の常襲地で大きな被害を受けた地区は、現在、丹後でもっともおいしい米を生産しています。そこでは、けっして多収穫をねらわず、目標八割の手堅い栽培方法です。この作り方が毎年の気象変動に対応でき、おいしい米の安定生産につながっていると考えられます。過去の冷害時の米作りの苦労がいかに大きかったかが想像されますし、冷害を克服した現在でも、「稲」と「自然」に向き合う謙虚な農家の姿をみることができます。今日、米作りと稲作経営のむずかしさはありますが、それ以上のおもしろさと奥深さがあるというのが農家の声です。

こうした米に対する農家の熱意と姿勢、そして、地域の期待と声援のなかに丹後米のおいしさの本当の秘密があるのかもしれません。

参考文献・資料

［1］丹後産コシヒカリPRプロジェクト「丹後産コシヒカリ五〇周年記念誌」、二〇一〇年。
［2］近畿農政局峰山統計情報出張所「丹後の米」、一九九一年。
［3］酒井義昭「コシヒカリ物語——日本一うまい米の誕生——」、中央公論社、一九九七年。

8 みかん産地の新しい担い手
——高品質にこだわる和歌山県・早和果樹園——

神谷 桂・辻 和良

現在は個性化の時代といわれ、多種多様な消費者ニーズに合わせて経営にも変化が求められています。和歌山県有田市にある株式会社早和果樹園はつねに時代の流れを読み、法人化、六次産業化など新しい活動にとりくむことで成長をつづけ、地域の新しい農業経営モデルとなっています。そこには「高品質な商品を消費者に届けたい」という顧客志向の強い思いがあります。

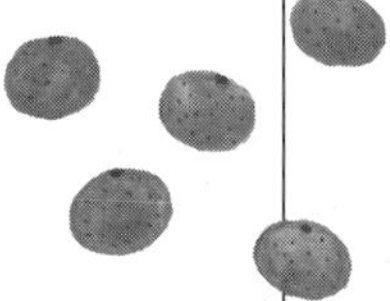

1 はじめに

和歌山県有田地域はみかんが植栽されてから四〇〇年以上経つといわれる歴史ある産地で、紀伊国屋文左衛門の逸話でも語られるように、有田みかんの名は古くから全国に知られています。

当地域を流れる有田川両岸の傾斜地を中心に段々畑が広がり、秋にはみかん果実のオレンジ色と葉の緑とのコントラストのきれいな風景がみられます。当地域の気候は比較的温暖で、日照時間も長く、排水性の良い土壌がみかんの生産に適しています。

このようにみかん栽培の適地であり、みかん生産が盛んな有田地域でも全国の農村と同じように農家の高齢化や後継者不足が問題になっています。また、それに合わせて耕作放棄地も増えており、これからますます拡がっていくと危惧されています。

こうしたみかん産地の危機に対して、新しいとりくみによって未来を切り開こうとしている新しい担い手のひとつが株式会社早和果樹園です。

2 経営の概要

株式会社早和果樹園（以下、早和果樹園と略）は従業員三三名（取締役八名、正社員一七名、常勤パート八名）、社員の平均年齢が四六歳の若い会社です。社員には農外出身者も多くいます。会社は総務部、営業部、生産部、加工部の四部で組織されています。業務内容はみかんの生産、共同選果、共同出荷、みかんの受託販売、農産加工です。みかん類の栽培園地は阪神甲子園球場約四個分の

写真１　早和果樹園のメンバー

一六ヘクタールで、うち六ヘクタールは会社の直営管理園地です。平成二二年の売上高は四億二〇〇〇万円で、売上げに対する加工品販売の比率は年々上昇し、現在では全体の七〇パーセント以上となっています。

早和果樹園の特徴は大きく三点あります。まず一つめは、高品質みかん生産へのこだわりです。二つめは、高品質みかんを丸ごと使った加工品の開発と販売です。三つめは、お客様重視の販売方針です。つぎに、経営の歩みや特徴について紹介しましょう。

3　経営の歩みと特徴

（1）早和共同撰果組合の誕生

昭和四〇年代からみかんの生産過剰や農産物の

輸入自由化により、みかん価格の暴落が続きました。そのため、全国的にみかん樹の伐採、高品質みかん品種や他の品目への植え替えが進められました。有田地域でもみかん園地の面積とともに生産量も減っていきました。「売れるものを作らないとみかんが作れなくなる」こうした事態に危機感を持ったのが、神奈川県の篤農家に師事する研究グループ「早和柑橘研究会」の若い農業後継者たちでした。当時、三〇歳代であった社長の秋竹新吾さんたち七名が「どこにも負けへんおいしいみかんを作って、自分らで売りたいんや」との思いから、親たちが作った共選（共同選果・共同販売組織）を飛び出し、昭和五四年に立ち上げたのが早和共同撰果組合（以下、早和共撰と略）です。

（2）有限会社から株式会社へ

平成一二年に秋竹さんたちは早和共撰を法人化し、有限会社早和果樹園としました。当時、ハウスみかん生産が好調で、収益も順調に推移していたことから共撰メンバーの後継者四人が就農しました。その就農が法人化のきっかけとなりました。その時、秋竹さんは「このまま共選共販を続けるだけでは将来、大型共選に吸収されてしまう」という危機感を持っていました。就農した後継者たちは「独立独歩。親が作った共選共販を受け継ぎ、さらに発展させていきたい」という意向で親たちと方向性は一致していました。そこで、生産・販売・会計管理を厳しくし対外的信用を高め、また業務拡大をはかるため有限会社としたのです。

その後、新しい業務である農産加工部門の拡大をはかるために、社員と投資会社の出資により資本を強化し、平成一七年には株式会社としました。

(3) ゆずれない高品質果みかん生産へのこだわり

早和共撰発足当時の「おいしいみかんを作って、売りたい」との考えは今でも変わっていません。早和果樹園のみかん品質へのこだわりは非常に強いものがあります。

現在、和歌山県では登録園地で生産された糖度一二パーセント以上、酸度〇・七〜一・〇パーセントの温州みかんを和歌山県統一ブランド「味一みかん」として認定しています。一般のみかんの糖度が一〇パーセント程度なので「味一みかん」は甘くておいしいみかんといえます。しかし糖度を高くすると、酸度も高くなるので基準に合わせるには高度な栽培技術が必要です。「味一みかん」の生産者でもその出荷割合は二パーセント程度といわれていますが、早和果樹園では二五パーセント以上が「味一みかん」の基準に達しています。これは栽培方法を工夫しているからです。早和果樹園ではみかん樹へ与える水分量を減らして糖度を上げるマルチ栽培を導入しており、その栽培面積は生産園地全体の六〇パーセントを上回っています。また、マルチ栽培の発展型であるマルチドリップ栽培「マルドリ方式」もおこなっています。「マルドリ方式」とは、マル

表　早和果樹園の歩み

年次	内　　　　　容
昭和54年	7戸のみかん専業農家で早和共撰を創業
平成12年	有限会社早和果樹園を設立（出資社員16名　出資金350万円）
14年	選果場の新築、光センサー選果機・プールラインの導入
15年	投資会社の出資と社員の増資で資本金3,000万円となる 「アグリファンクラブ」第1回を開催 マルチドリップ栽培「マルドリ方式」を導入し、「まるどりみかん」を販売 農産加工の取り組みを始める
16年	「味一しぼり」（高級ジュース）を発売
17年	組織を改編し、株式会社早和果樹園を設立 「味まろしぼり」（ジュース）を発売
18年	「てまりみかん」（シロップ漬け）を発売
19年	「味一ジュレ」（ゼリー）を発売
20年	「黄金ジャム」を発売 自社サイトによるインターネット販売を開始
21年	増資により資本金4,500万円となる 創業30周年、法人設立10周年記念式典を行う 「味一スーパープレミアム早和果樹園」（最高級ジュース）を発売
22年	投資会社の増資を受け資本金6,000万円となる 新加工場、味一ショップ「ＳＯＷＡ」を竣工 「ICT農業システム」を導入 「みかポン」（ポン酢）を発売
23年	役員改選により部長4人が取締役に就任 「薫木花」（リキュール）、「姫木花」（ワイン）、「みかんケチャップ」を発売

チシートをみかん樹の周りに敷き、外部からの水分を遮断し、必要な水分と液肥をドリップチューブで施用し、糖度と酸度を調整する栽培方法です。この栽培方法は（独）近畿中国四国農業研究センターが開発した技術で、平成一五年に県内では初めて早和果樹園が導入しました。現在、早和果樹園での栽培面積は六〇アールとなっています。また、JA有田ではこの「マルドリ方式」で栽培されたみかんのうち糖度一三パーセント以上のみかんを専用のケースに入れ有田地域限定の最上級ブランド「紀の国有田まるどりみかん」として販売しており、その出荷でも早和果樹園が中心となっています。

（4）みかんジュースへのとりくみと商品の多様化

早和果樹園の高品質へのこだわりは生果だけではなく、農産加工品に対しても変わりはありません。加工品への挑戦はジュースからでした。みかんの試食販売の際、「このおいしいみかんと同じ味のジュースが飲みたい」というお客さんの声をきっかけに平成一五年からそのとりくみを始めました。当時、「生果販売だけでは売上げが冬期にかたよってしまう」、「雇用が収穫作業にかたよっている」、「傷果や小玉果は出荷するみかんと同じ味なのに廃棄している」などの課題がありました。農産加工をおこなうことでこれらは解消されました。

高品質のみかんを使うからこそ、搾汁方法にもこだわっています。ミカンの搾り方には大きく分けて二種類あります。一つはみかんをまるごと外皮つきで搾るインライン方式、もう一つはみかんの外皮を除いて薄皮の状態で搾るチョッパー・パルパー方式です。チョッパー・パルパー方式は、外皮の影響による味の変化はありませんが、皮をむく工程が必要になり、できあがったジュースは高価となります。搾汁方法を検討するなかで、「この時代に高価なものは売れない」と社内でも反対意見が多くありましたが、「おいしさにこだわったジュースを消費者に届けたい」とチョッパー・パルパー方式を採用しました。そして平成一六年に「味一みかん」を使った「味一しぼり」が完成しました。人脈を頼って高級ホテルの料理長に試飲してもらい、「今までにないおいしいジュース」と味のお墨付きを得ました。百貨店のバイヤーから「この味なら一二六〇円（七二〇ミリリットル）で売れる」と評価をもらい、価格を決定しました。自信作のジュースも発売当初にはあまり売れませんでした。しかし、販売努力で知名度が上がるとともにその品質の高さが認められ、少しずつ売れるようになりました。濃厚でコクのある味わい、とろりとした食感が好評で、今では東京にある高級ホテルのウエルカムドリンクや航空会社の機内販売用として使われています。そのジュースもバリエーションが増え、厳選された素材を使った最高級品も含め三種類となっています。加工品はジュースだけではなく、ゼリー、ジャム、みかんポン酢、リキュールとラインナップは拡大しています。早和果樹園では新商品開発には、とくに力を注いでおり、毎年一種類以上の新商品を開発しています。

写真２　直売所ＳＯＷＡに並ぶ加工品

（5）商品は直接消費者に

早和果樹園では販売先の確保、拡大には力を入れており、いろいろな販売チャネルを持っています。現在は市場出荷、小売店への直接販売、商社などを通した販売、店頭での試食・試飲販売、ＤＭ通販、インターネット販売、直売所ＳＯＷＡでの販売などがあります。そのなかでも特徴的なのが試食・試飲販売です。食品・飲料展示会はもちろんのこと、県内百貨店、阪和高速道路内のパーキングエリア、県内観光地、県外では三重県伊勢の「おかげ横丁」など休日には必ずどこかの店舗に出向いて試食・試飲販売をしています。年間に使われるジュースの試飲カップ数は三三万個にもおよんでいます。店舗に出向くのは営業部員だけでなく、社員全員です。全員が順番に売り子となるのです。自分で作ったみかん、ジュースだから、魅力をよく知っており、自信をもって販売できます。また、商品が売れる現場に立ち会うことが社員のモチベーションの向上にも役立っています。

この観光地やパーキングエリアでの試食・試飲販売は早和果樹園にとって重要な戦略です。今では好評の「味一しぼり」も前述のとおり発売当初は全く売れませんでした。地元のスーパーマーケットでは「とてもおいしいけれど、高すぎて買えない」との反応。ある時、頼まれて販売にいった阪和高速道路パーキングエリアでは驚くほどよく売れました。お客さんからは「とてもおいしいから、お土産に」と、スーパーマーケットでの反応とは全く違ったものでした。そこで日常の買い物と旅行などでの買い物では購買行動が違うと気づき、販売先を社内で話し合いました。そして、観光地の大型土産販売所や百貨店、高級スーパーなどにターゲットを絞り、売り込みをかけました。それが今の試食・試飲販売の基礎となったのです。

また、最近伸びている部門はインターネット販売です。楽天市場への出店と併行して、平成二〇年には自社ホームページを一新し、「早和果樹園オンラインショップ」を立ち上げ、本格的にインターネット販売に参入しています。

4 信頼で地域とつながる

有田地域では、江戸時代からみかんの出荷は農家個人や集落単位の共選が担ってきました。しかし、近年では高齢化や担い手不足のために集落共選が続けられなくなり、合併や大型共選への吸収などによりその数は減少しています。そんなこともあり、早和果樹園では売り先をなくした個人選果・個人出荷農家からの販売委託が増えています。その受託量は年々増加し、今では早和果樹園生産量の二倍にまでなりました。

有田地域でも後継者不足や生産者の高齢化にともない耕作放棄地が増えつつあります。秋竹さんは「あと四、五年すると耕作放棄地の増加が加速する」と心配しています。現在、早和果樹園では後継者がいない高齢農家の園地一ヘクタールを借り受けて栽培を続けています。一般に永年作物を栽培する果樹園の貸借は難しく、全国的にも進んでいません。早和果樹園がみかん園地を借り受けられるのは早和果樹園の技術の高さや信頼があるからだといえます。秋竹さんたちは高品質なみかんの生産できる園地が耕作放棄される前にできるだけ借り受けて栽培を続けたいと考えています。産地を守ることが「地域社会に貢献する早和果樹園」としての役割であると考えるからです。

5　新しい農業へのとりくみ

秋竹さんのお話の中に、「篤農家は草をみずして草を取る」という言葉がよく出てきます。篤農家は雑草が生えてくる前に対処して草を生やさないということで、農業では適期に適切な作業をおこなうことが大切であるということを意味しています。秋竹さんは「高品質みかんを作るには篤農家の技術が必要である」と常々考えていました。その対応のために導入したのがＩＣＴ(Information and Communication Technology) 農業です。センサー、スマートフォン、パソコン、クラウドコンピューティング技術を取り入れた農業で、果樹経営では全国で初めての試みです。篤農家が勘と経験で培った技術をデータベース化し、農業の素人でも篤農家並の技術が駆使できるようにするのが目的です。現在、五〇〇〇本あるみかんの樹にそれぞれＩＤナンバーを付け、葉数、樹勢などの生育状態や病害虫の発生状況などのさまざまなデータを蓄積しています。このシステムは樹体管理だけでなく、農作業の進捗管理、コスト計算などにも利用できます。生産部の部長以外の五人は非農家出身で、農業経験が乏しく、技術的には未熟です。しかし、このシステムに蓄積されたデータと先輩の指導で着実に技術力は向上しています。将来は早和果樹園に販売を委託する農家にもこのシステムを導入し、早和ブランドみかんの高品質化を図る考えです。

6 おわりに

新しいことへのチャレンジが早和果樹園を躍進させています。法人化、六次産業化、ＩＣＴ農業、どれをとっても時代の流れを読み、それに対応していこうとしています。それは成功ばかりではありません。販路開拓での詐欺被害は一度だけではなかったし、自信作のジュースもはじめは全く売れませんでした。そんな状況でも「うまいものなら売れる」、「この熱い思いは消費者に伝わる」という信念のもと「じゃあ、次はどうしようか」とつねに前向きに進んでいく姿に躍進の秘訣があるのだと思います。次々と新しい事業にとりくみ、また耕作放棄地の借り受けや雇用を生み出すことにより地域に貢献する早和果樹園が地域の新しい担い手の農業経営モデルとなっています。

参考文献

［1］細野賢治「みかん産地の形成と展開――有田みかんの伝統と革新――」農林統計出版。
［2］藤島廣二・中島寛爾「実践 農産物地域ブランド化戦略」筑波書房。

9 京野菜と地産地消

中村貴子

高度経済成長期に姿を見かけなくなっていた京の伝統野菜。しかし、京料理界と地元農家との結びつき、すなわち地産地消をきっかけに復活しました。一方で、京野菜はブランド化がすすめられました。ブランド京野菜です。ブランド化はより多くの人に知られることを目的とし、地産地消とは正反対と思われるかもしれませんが、双方の動きが同時に進められることで、京都の食卓を豊かにしてきたのです。

1 京の食を概観する

食文化という概念の誕生はそれほど古いものではありません。食を文化としてとらえる食文化に関する研究は、昭和四〇年代後半から進展してきたといわれています[1]。なぜ食文化という概念が誕生したかというと、食べることを見つめなおす経済的余裕が出てきたこと、生活スタイルが変化し、それに伴って食のスタイルも変わってきたことが背景にあります。

京都市内（以後、京都と表記する）では、毎月何日に何を食べるということが家庭内で決まっていたといいます。たとえば、毎月一日と一五日には小豆、また一日にはにしんこぶ、八のつく日にはアラメと揚げのたいたん、一五日には海老イモと棒だら（海老イモがない時は小芋）、月末にはおからを食べていたそうです。[2] また行事の和菓子や月に食べる和菓子が決まっています。茶の湯とのつながりが深いことは容易に想像できます。他にも晴れ食というお祝い時の食事がありますが、昔の京都の町中では晴れ食は仕出し屋さんにお願いするか、料理屋さんへ足を運ぶのが一般的でした。[3] いずれも今の様に車・道路が発達していない時代ですから、基本的に食材は近くの物を使っていた、「地産地消は当たり前」だったと想像できます。ところが、そうではないこともあったようです。京都における食文化研究としてよく取り上げられる「京菓子」を事例にみてみます。

京菓子とは、家庭で作られるものというよりも、寺社門前町の発達とともに「産業食」として栄え、食材や味は時代と共に多少は変わっているようですが、二〇〇年以上の歴史を持つものも少なくありません。[4] 文献によると江戸時代にはすでに交通が発達しており、評判の高いところは、全国から選りすぐった食材を集めていたそうです。[5] したがって京都では、昔から、品質を追求するためには、近くの素材だからという理由だけでは使わない傾向のあったことがうかがえます。

京菓子の発展には、京都の小豆に代表される菓子の原材料があったからだと言われますが、近いという理由だけでは京菓子の職人さんたちを満足させたとは思えません。全国レベルでみても質の高い物が近くにあったということだと思います。ところで農産物の品質とは、気候風土に加えて、栽培者の技術力にもよります。昔から、○○地域の△△というように、地域名とセットになった特産品と呼ばれるものが数多くあります。いわゆる現代でいう「地域ブランド」です。したがって、こうした特産品が残っているのは、栽培技術力の高さと地域ブランドが成立していたことに由来すると考えられます。

今も全国から多くの人が美食を目指して京都を訪れます。京都の料理屋さんは季節を大切にします。料理の中で季節を演出するのは野菜とその調理法です。京都の料理は野菜が主役といっても過言ではないでしょう。京都の人と食事をすると「素材がいい」という褒め言葉をよく聞きます。料理人は、素材の良い物を選択し、その素材を生かす調理法ができているかを消費者に試されているということです。消費者自身も日頃から素材に合った調理を心掛けなければそうした判断もできないでしょう。ですから、京都では料理人から家庭の主婦に至るまで、素材選びには厳しい目を持っているといえます。

もう一点、京都の特徴があります。それは昔から農家と料理屋や家庭が直接つながっていることです。「御用聞き」という商売スタイルが京都では今も見られます。農家自身が、料理屋、八百屋、一般家庭に何が必要かと先に尋ねます。もう一度、自分の野菜を使ってもらえるか、生活がかかっていますから、毎回、毎回、真剣勝負の物づくりが必要です。そうして京都の農家は厳しい目を持った料理人や家庭人の五感に合う野菜づくりをおこなってきたのです。その結果、野菜が主役の料理にも耐えうる野菜が供給できたのです。

2 京野菜を復活させた人々の思い

(1) 京都の老舗料理店の若い衆

京都では、ブランド京野菜という地域ブランド産品があります。ブランド京野菜と定義されている多くの伝統野菜は、市場流通の確立、高度経済成長期をへて一時は廃れていました。再び伝統野菜に光をあてたのは、京都の老舗の若い衆と京都市内の青年農業士の出会いだったのです。

現在の京料理の中心的役割を果たしている料理人に聞き取りをする機会がありました。京料理の料理人たちが、若い時分に結成していた「芽生え会」で、彼らは、昭和六〇年代位に、「食材の質が落ちてきている」「色や形はよく食感は異なるけれども、どの野菜を食べても素材の味がしない」ことに懸念を感じていました。一方、京都市内の農業者には伝統野菜を作り続けている者もいましたが、市場流通には出荷できないことが悩みでした。若い青年農業士の集会で、京料理人が講演する機会があり、その場で、料理人と伝統野菜を栽培していた農業者の双方の思いが合致しました。この時の若い生産者と若い料理人が昔の味を復活させるべく、伝統京野菜の復活を目指して両業界に働きかけ、生産者と料理人との直接取引が始まりました。

京都の老舗の料理人は言うまでもなく一流です。対する伝統野菜を作り続けている京都市内の青年農業者はどうかというと、何代も続く農家で、自分の家に代々伝えられてきた種を大事に守りつづけ、また住宅地内にある農地は、宅地として売れば相当な額になりますが、農地を売却するのではなく、農業を続けるために自分の農業観を理解してくれる消費者を探すという行為は、まさに一流の農業者であるといえます。一流同士の出会いが今日の京野菜の日常化につながっているのです。

料理人たちは、自分たちが幼い頃に食べていた当たり前の食をお客様に提供したかったといいます。料理の場面での「当たり前」の感覚を当たり前でなくしてきたのが、見た目・規格のみを重視した高度経済成長期の市場流通だったといえます。また京野菜と言われるものだけでなく、「イボがなく曲がっていない緑一色のキュウリやナスといえば千両、大根といえば青首」といったように、一般野菜のバラエティが少なくなっていったことも、「当たり前」が出せなくなった原因だと料理人は言います。「この品種にはこの調理法という昔の常識が常識でなくなる。」そうしたことに料理人たちは懸念を感じていたのです。「プロである料理人だけでなく、家庭で料理する者も野菜が変わってきたことに気づかなければならなかった、あるいは気づいているならば消費者がもっと抗議をするべきだった。」「料理の当たり前をなくしてきたのには、消費者にも責任がある。」と料理人は言います。

すなわち、食育基本法が成立する以前から「食べることをもっと真剣にとらえる必要がある」ということが主張されていたということになります。また、「その土地には、土地の農産物を生かす調理法が伝わっている、野菜も調理法も廃らせてはいけない。」「こうした行動が全国的にも広がるべきだ。」との思いで活動を始めたとの声も聞かれました。一方、農家側は、農産物を育てる苦労、収穫の喜び、味の違い、よい野菜の見極めなどを理解して使ってほしいとの希望を持ち、料理人が畑まで収穫に来ることを一つの条件としました。こうした思いや活動こそ、本当の地産地消の姿ではないでしょうか。伝統野菜の復活と地産地消とは一体的なものだったことがわかりました。

(2) ブランド京野菜の誕生

ブランド京野菜は、京都府とＪＡが一体となって京の伝統的野菜のブランド化に努めて誕生したものです。昭和五〇年～六〇年代の流通といえば市場流通しかないと言っても過言ではなく、品質の均一化と一定量の確保、長距離輸送にも耐えられることが求められていました。皮がうすくて傷つきやすい山科ナスや形や見た目の色彩を一定にするのが容易ではない賀茂ナス、イボがあって互いに傷つけあうキュウリや数量が少ないあさかぜキュウリなどの取引は廃れていきました。昭和六〇年代頃の市場関係者の間では、廃れるものは廃れるべくして廃れるという考え方が一般的だったといいますが、今では京都市中央卸売市場では近郷野菜コーナーが他の野菜とは別扱いで設置されています。近郷野菜コーナーには、京都府内産と滋賀県産が並びます。輸送方法にも工夫が加えられるようになったからだとは思いますが、時代は変わったといえます。

ブランド京野菜は、一つの産地で最低三戸以上の農家組織で栽培することが条件で始まりました。普及センターとＪＡや市町村が一体となって、生産振興を図ってきました。普及センターでは、技術指導はもとより、ブランド京野菜を中心とした生産体系の経営計画をアドバイスするなど、伝統野菜の生産拡大において、普及センターの存在意義は大きかったといえます。また、品質保持のため、栽培技術の基本的なマニュアルが作成されました。消費者の食の安全性を求める声にも応えて、一般栽培よりも農薬を減らす栽培になっています。生産物の秀品には、ブランド京野菜のマークである金色の「１０００」と書かれたシールが貼られ、全てＪＡを通して出荷されます。

もう一点、他の野菜の普及と異なった点は、販売促進活動に力が入れられた点です。百貨店などでの店頭販売、同時に、レシピの開発と普及がおこなわれました。また、京野菜が食べられる店舗マップも作られ、消費振興が図られました。マーケットおよび栽培技術が定着する頃には、京都府で新規就農希望者を受け入れる際に、ブランド京野菜を経営の柱として提言することができ、新規就農者の収入源として一定の効果をもたらしてきました。京野菜のブランド化は農家経営にもよい影響を与えてきたといえます。

3 ブランド京野菜を使った家庭料理の広がり

京都は五つの地域に広域振興局が置かれています。京都府内での移住に限った各地域の住民一二二名にアンケートをお願いしました。アンケートの目的は、地域別に食べられている食の実態を調査することです。過去に京都府内各地域でまとめられたレシピ集や農文協が昭和六〇年代後半に出版した「京都の食事」に掲載されている六七一種類の食の消費について尋ねました。

昔から食べているよりも今の方が消費拡大されているもの、新しく定着しているものについて、ブランド京野菜に関連するものを五つの広域振興局別に見ました（図参照）。賀茂ナスについてみると、賀茂ナスの田楽は京都乙訓・南丹・山城で昔から食べられているようですが、丹後・中丹

図　京都府広域振興局の管轄域

で新しく定着、山城で消費拡大がみられます。お浸しは京都乙訓で消費拡大がみられます。山科ナスの煮物は中丹で新しく定着、堀川ゴボウのきんぴらは京都乙訓で消費拡大がみられます。カブラ蒸しは、丹後・南丹で消費拡大がみられます。海老イモのたいたんは、中丹・南丹で新しく定着、京都乙訓・山城では消費拡大がみられます。またあんかけは山城地域で新しく定着しているようです。

　万願寺トウガラシについては、じゃことの煮物は府内全域的に消費拡大がみられます。佃煮は中丹地域での消費拡大がみられます。ミズナについては、ミズナとブリの煮物、ミズナのさっと煮、ミズナのサラダが丹後で新しく定着、中丹・南丹・京都乙訓では消費拡大がみられます。ミズナのツナサラダは中丹で新しく定着しているようです。ミズナの白和えは中丹で消費拡大がみられ、京都乙訓では新しく定着しているようです。ミズナの胡麻和えは、京都乙訓で消費拡大がみられます。黒豆では、黒豆納豆が南丹・京都乙訓で新しく定着しているようです。南丹では黒豆味噌が新しく定着しているようです。黒豆ご飯が中丹では消費拡大しているようです。小豆粥は南丹で新しく定着しているようです。

以上みてきたように、ブランド化によって府内全域で、家庭においても、京野菜を使った調理法は広がりを見せているようです。今後も秀品のブランド産品を市場の需要に応えて提供するためには、生産量の拡大はかかせません。生産面積を拡大すると、秀品以外のものも多く出ます。それらが直売所などで販売されることで、産地の住民が消費することとなります。すなわちブランド化と地産地消のとりくみが同時におこなわれることで、食卓が豊かになっていくと思われます。

また、ミズナの栽培では大株栽培という既成概念をやぶり、若取りで食する提案がなされたため、サラダ、和え物のレパートリーがどの地域でも広がっています。京野菜のブランド化におけるこうした挑戦も大事だったことがわかります。

4 さいごに

農畜産物は生産されるだけでは、また来年も生産できるという保証はありません。やはり、食べる人がいて、食べる場面があってこそ再生産は可能となります。京都で伝統野菜が復活した大きな要因は、京の料理人と種《たね》と農地を大切に守ってきた京都市内の農家の存在が大きかったことがわかりました。またこの時、ブランド化に走るのではなく、地産地消を目指してとりくんできたことがよかったのだと思えました。そして、今でも京都の市内で続く農家の御用聞きシステムは、京料理を支える農産物の提供につながっており、「京都」というブランド作りに貢献しているといえます。

一方、京野菜のブランド化は、府内各地の生産農家の技術力向上や新規就農者の経営力向上に役立ち、家庭料理を豊かにしてきたことがわかりました。せっかく豊かになった食卓を維持するためにも、最初に紹介したような毎月決まった日に決まったものを食べる、あるいは旬の時期の特定の日付にそれを食べるという食育を推進するとよいのではないでしょうか。最後にみたように地域毎に新しく定着を見せる食は違っていました。地域毎に新しく定着している食は、その地域に合っているからこそ定着したのでしょう。そうした食と日付を地域ごとにセットして普及させることが、今後も京野菜の定着をもたらすのではないでしょうか。

いずれにしても、京野菜と調理法、消費の拡大に終わりはなく、今後も復活した京野菜が生活に定着し続けるためには、これまで進めてきた方法を一体的に進めることが重要でしょう。

参考文献

［1］吉田集而「人文の食文化について」石毛直道監修『人類の食文化』財団法人味の素食の文化センター、一九九八年。

［2］上田耕司『京野菜を楽しむ』淡交社、二〇〇三年、百十五頁。

［3］飯田知史『京のおまわり』京都新聞社、二〇一一年。

［4］『江戸時代人づくり風土記京都』農文協、一九九八年。

［5］『近世日本の地域づくり』農文協、二〇〇〇年。

10

地域活性化は自然とものを大切にする心から
―「コウノトリ育むお米」と「お米めん」―

髙田　理

兵庫県但馬地域の「コウノトリ育むお米」とそれを使用した「お米めん」は、忘れ去られた環境にやさしい「農法」とものを大切にする心が、米をブランド化し、農産物の付加価値を高めています。このような自然とものを大切にする心が地域の農業をよみがえらせるのかもしれません。

1　はじめに

近年、自然環境問題に対する関心が高まっています。また、食についても安全・安心な農産物に対する消費者ニーズは大きくなっています。これらのことから、土づくりなどを通じて農薬や化学肥料の使用などによる環境負荷を軽減して持続的な農業の実現をめざした「環境保全型農業」が全国的に進められています。兵庫県では、さらに進んで、そのような農業によって安全・安心な農産物を供給していこうとする「環境創造型農業」にとりくまれています。

これから紹介する兵庫県但馬地域でのとりくみは、その一つで、環境にやさしい、換言すれば、生物多様性の保全を重視した農法を確立、普及することによって、米のブランド化に成功しています。さらにその米を使用して、さらに高付加価値化を図っていこうとしているとりくみです。

2 環境にやさしいコウノトリ育む農法

コウノトリは、昔は日本各地で見ることができましたが、田んぼを荒らす害鳥とみなされ乱獲されました。そのため、明治時代の後半には、ほとんどが豊岡盆地でしか見ることができなくなりました。コウノトリを大切にする風潮がある本地域では、昭和三〇年にコウノトリ保護協賛会が設立され、人工飼育などの保護活動がおこなわれてきました。しかし、豊岡盆地に生息していた最後の一羽も昭和四六年に死亡し、日本国内の野生のコウノトリは絶滅してしまいました。その原因は、コウノトリの餌となる多様な生物が農薬や化学肥料の使用によって少なくなったことなどにありました。

その後、豊岡市では、本格的にコウノトリの人工繁殖にとりくむとともに、生息環境の整備が進められてきました。その結果、平成一七年に放鳥を開始し、現在（平成二三年）は四〇羽を超えるに至っています。

コウノトリを野生に復帰させていくためには、餌場の確保が重要です。そのためには、農薬や化学肥料の削減だけでなく、餌となる生物が年中生息できる水田環境と稲作を両立させることです。そこで、このようなことを可能とする農法の開発プロジェクトチームが平成一四年に豊岡農業改良普及センターなどの中堅職員で結成されました。試行錯誤の結果、平成一七年に「コウノトリ育む農法」と命名された農法が考え出されました。この「農法」の特徴は、図に示しているように早期湛水（水を張る）、深水管理、中干し延期、さらに努力事項として冬季湛水、魚道、生き物の逃げ場の設置などがあげられていることです。

平成一五年五人（作付面積〇・七ヘクタール）の生産者によって、この「農法」が試験的に始められました。本「農法」は、慣行農法に比べ、手間がかかりますが、その後、着実に増加し、現在（平成二二年）は二一七人（集落営農や法人も約一〇含む）、栽培面積は二四〇ヘクタール（酒米も含む）に拡大しています。普及拡大の背景には、農業関係機関、団体の協力・連携がありました。豊岡市は、コウノトリの野生復帰活動のＰＲ、農家への財政支援、関連商標の管理など、豊岡農業改

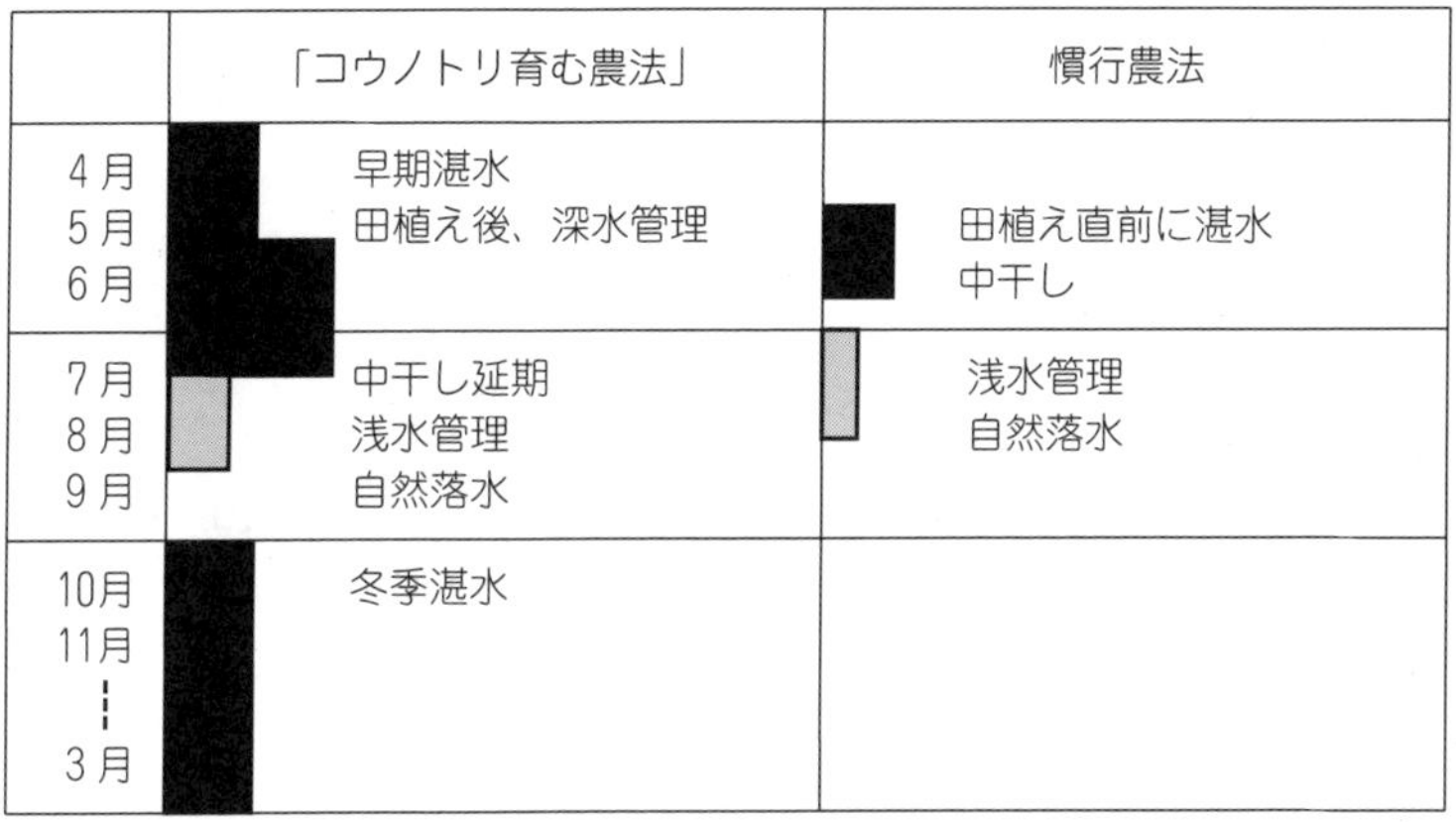

	「コウノトリ育む農法」	慣行農法
4月 5月 6月	早期湛水 田植え後、深水管理	田植え直前に湛水 中干し
7月 8月 9月	中干し延期 浅水管理 自然落水	浅水管理 自然落水
10月 11月 ⋮ 3月	冬季湛水	

図　「コウノトリ育む農法」と慣行農法の水管理の比較

注：■は常時湛水期間、□は間断湛水期間を示しており、それぞれの（横）幅は水の深さを示している。ちなみに、「育む農法」の4～5月は5㎝程度、6～7月は8㎝以上、10～3月は5㎝程度が目安となっている。
資料：西村いつき「コウノトリ育む農法の意義と将来展望－生き物を育む稲作技術確立と普及手法－」『兵庫自治学』第13号、平成19年3月、44ページ掲載図を一部修正、転載。

良普及センターは、栽培技術や財政面の支援、アドバイザーの育成などを実施しています。また、たじま農協では、平成一八年にコウノトリ育むお米部会を組織し、農法や品質に対する生産者の理解につとめるとともに、生産された米を販売する役割を担っています。このような生産面のとりくみだけでなく、本「農法」が普及定着するためには、消費者の理解と買い支えが重要であることから、普及員が中心となって出前講座や試食宣伝販売などを通じて消費者教育をするとともに、再生産可能な価格を算出し流通業者に理解を得るとりくみもおこなわれてきました。このようなとりくみによって、現在減農薬米タイプは五キロ二九八〇円で慣行農法の普通米にくらべて約二割高く、無農薬米タイプは三四八〇円で約四割高く販売されています。したがって、生産者のキロ当たりの収入も多くなっています。なお、販売された米一キロ当たり一円が、コウノトリ基金に寄付されており、平成二一年度は六三万一七一〇円が寄付されています。

このように環境にやさしい「農法」の普及拡大に農業関係機関・団体が一体となって、ねばり強くとりくんできたことが、結果的に米のブランド化につながったといえます。

3 さらなる付加価値を求めて

ところで、近年不況によって地域経済が停滞、衰退しています。そこで、地域経済を活性化させるために新しいビジネスを創出しようと、平成二〇年に農商工等関連二法が成立しました。これは、農林水産省と経済産業省が協力して、第一次産業と各種中小企業との連携条件を整備し、前述の目的を達成していこうとするものです。さらに、第一次、第二次、第三次を有機的・総合的に結合させて農産物の付加価値を高めていこうと、平成二三年に「六次産業化法」が施行されました。前述の「農商工等連携」は「六次産業化対策事業」の一部とされていますが、「六次産業化」も「農商工連携」も、農林漁業者が自らあるいは他産業者と連携して、未利用資源（農水産物）を活用して付加価値を高め、所得を向上させようとするものであり、それらを通じて地域を活性化していこうとするものです。

このようななか、「コウノトリ育むお米」を出荷・販売しているたじま農協と食品製造・卸小売業者との連携のきっかけになったのは、平成一八年に開催された豊岡市のコンソーシアムでした。「コウノトリ育むお米」は、割れ、色彩などの選別を厳格にするため、ふるいに二度かけ大きいものを出荷・販売しています。そのため、ふるい落とされた規格外米は、通常より多く発生します。コウノトリの野生復帰活動に賛同する卸小売業者の脇稔さんは、その規格外米を活用できないかと、それを使った米粉食品の新商品開発に乗り出しました。そして、農商工等連携事業の補助金などを活用して、三年後の平成二一年に試作品「お米めん」、「ホットケーキミックス米」、「お好み焼き粉」などが作り出されました。「お米めん」は、「コウノトリ育む農法」で栽培されたコシヒカリ一〇〇パーセントの米粉につなぎ役の北海道産馬鈴薯だけを使用して作られています。これらは、コウノトリの郷公園内にある但馬地域の業者、農協などが出資して管理・運営している「コウノトリ本舗」（平成一九年三月オープン）などで販売されています（写真）。また、小麦アレルギー対応商品として生協連合会コープ自然派事業連合（組合員数七・四万人）に出荷・販売されています。

「お米めん」を生産・販売している業者への規格外米（特定米穀）は、平成二〇年は一七トン、二

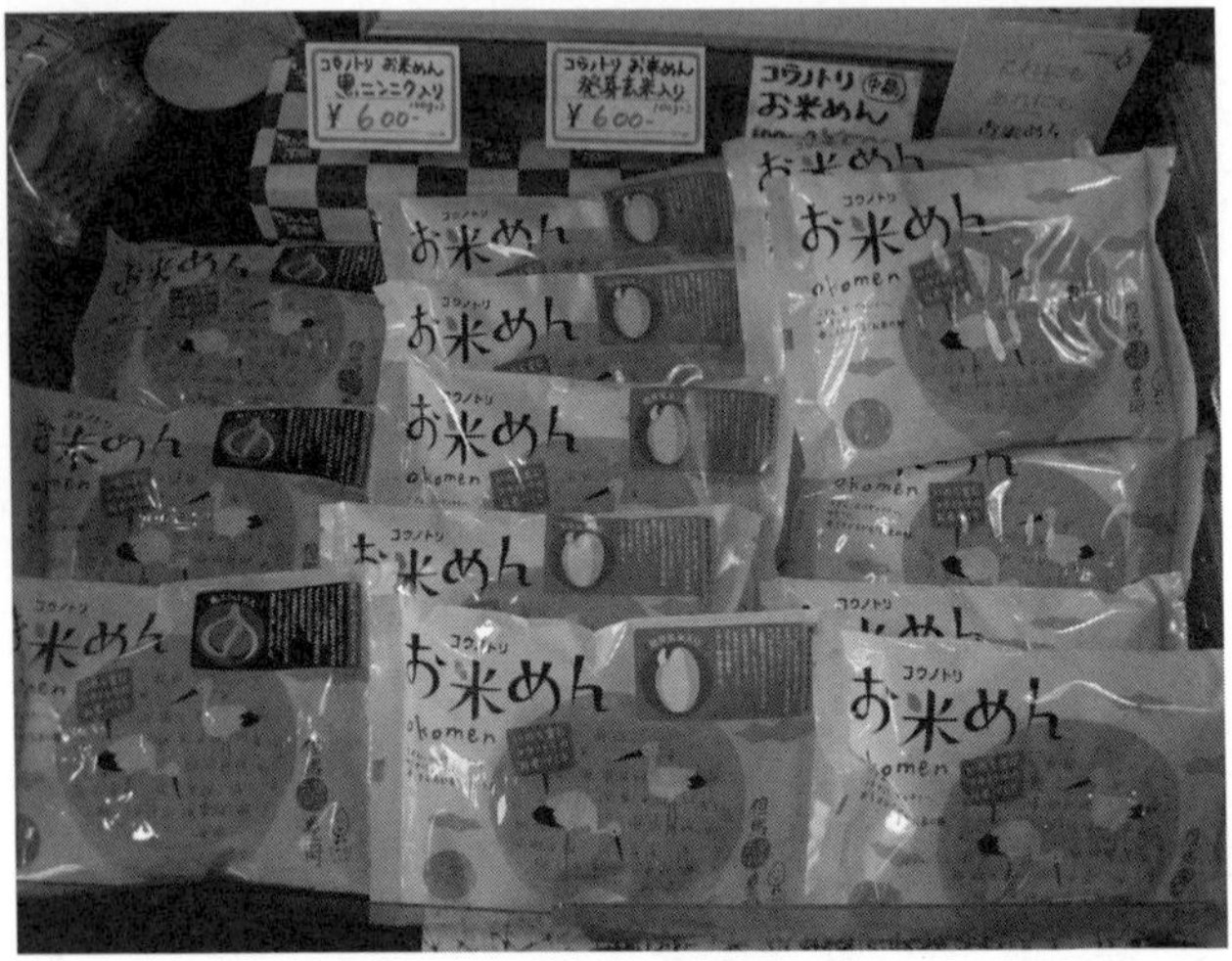

写真　店頭に並ぶ「お米めん」

一年は三二トンで一キロ当たり九〇円で取引されており、通常取引価格（六五〜七〇円）より三割ほど高くなっています。

4　むすび

製品やサービスを特徴づけるためにつけられた名前やマークなどの総称を「ブランド」と一般にいわれていますが、その地域にしかない自然や風土、歴史、文化などの地域資源で裏打ちされたものを「地域ブランド」といえるでしょう。もちろん、それが品質や性能が良く、保証されたものでなければなりません。

「コウノトリ育むお米」は、コウノトリという地域資源を復活させ、結果的に、それによって米の地域ブランド化が図られ、地域農業の振興につながっているといえます。地域固有の地域資源は、他の地域ではマネができないものであり、それを生かすことはきわめて有効です。

また、米を環境にやさしい「コウノトリ育む農法」で生産することによって米に付加価値がつき、さらに「お米」として販売できない規格外米を商工業者に売り渡し米粉食品（「お米めん」など）として製造・販売しています。このように農商工連携によってさらに「コウノトリ育むお米」の付加価値が高められています。

その地域固有の地域資源を再発見し、それによる地域ブランド化や、その地域資源やそれによってつくられたものを大切にする「もったいない」という心が、地域農業の再生の鍵を握っているのではないでしょうか？

参考文献

［1］西村いつき「コウノトリ育む農法の意義と将来展望――生き物を育む稲作技術確立と普及手法――」『兵庫自治学』第一三号、平成一九年三月。

［2］南朋子「新しい環境保全型農業と農産物の地域ブランド化に関する研究――兵庫県豊岡市における「コウノトリ育む農法」の取り組みを事例として――」『農林業問題研究』第四三巻第一号、平成一九年六月。

［3］中村貴子「多様な生き物と共存する農の豊かさ――自然キャピタル――」『農林業問題研究』第四四巻第四号、平成二一年三月。

やっぱりおもろい！関西農業

PART 4
おもろい経営、女性の力

11 関西有機農家の生きざま

中塚華奈

有機農業界に足をふみいれて約二〇年、出会った有機農家から三農家をピックアップ。サラリーマン農業を目指し、夫婦二人三脚で泉のようにアイディア湧き出る神戸の西馬正・きむ子夫妻。担い茶屋でどこへでも、茶道で身につけた男のたしなみが魅力的な京都の中井章洋さん。自称「卒サラ」、数々の発想の転換で度肝をぬく大阪の尾崎零さん。三者三様のしなやかでしたたかなおもしろさをご紹介します。

1 はじめに

関西には、三五四戸の有機ＪＡＳ取得農家と有機ＪＡＳは取得せずに国が定める有機農業を営む農家が四四〇戸、合計で七九四戸の有機農家が存在します（表）。筆者が有機農業界に足をふみ

表　関西有機農業農家戸数（2011年）

都府県名	有機JAS取得農家戸数	有機農家戸数（JAS未取得）	合計有機農家戸数
滋賀県	32	77	109
京都府	22	63	85
大阪府	40	79	119
兵庫県	105	108	213
奈良県	59	63	122
和歌山県	96	50	146
関西合計	354	440	794
全国合計	3994	7865	11859

資料：農水省HPデータ（2011年3月31日現在）、NPO法人MOA自然農法文化事業団「有機農業基礎データ作成事業報告書」より抽出

いれて約二〇年の間に出会った有機農家のなかから、独断と偏見で選んだ「おもろい！」と思う三農家の生きざまを紹介します。

2　神戸＊西馬夫妻のここがおもろい！

【農家データ】

・西馬正（にしうまただし　一九三九年八月三〇日生まれ）さん・西馬きむ子（にしうまきむこ　一九四五年一一月二七日生まれ）さん夫妻。

・神戸市西区神出町二町三反（うちハウスが六反五畝）の有機JASほ場＋田んぼ一町＋果樹園一反（放し飼い鶏百羽）有機野菜・あいがも米・果樹・卵を生産。

・有機農業体験宿泊施設グランメール

写真1　右から西馬正さん・入谷周太郎さん・西馬きむ子さん・古川圭三さん・孫の落合祐磨くん

http://www.healthymamasun.co.jp/

山の生態系を畑に再現した西馬農法

農協に勤めていた正さん。連作障害に悩む組合員に堆肥をいれた土づくりの大切さを説いたところ、「そんなもんできへん」と言われ、「組合員がきいてくれへんのやったら、自分でやったる！」と、一念発起。正さんが農協を退職し、西馬家は専業農家に転身。それは、昭和五七年のことでした。

「山の木はだ～れも化学肥料や農薬やったりしてへんのに元気なんは、なんでやろな。」

正さんときむ子さんが田んぼの畦で休憩していたときのこの会話が、後に西馬農法を確立します。山の生態系の原理を再現した西馬夫妻の畑には、「地元の山土、米ぬか・油粕などの植物由来資材、牛粕・魚粕などの動物由来資材、甲虫類由来の代用でキトサン含有のカニガラなど」でつくったボカシ肥料を表層施肥しています。

農薬を使わないから時々はアブラムシやカビにやられることもあります。

「じっと見守って観察していると、害虫を食べにクモやカゲロウがどこからかやってくる。もうあかんかな？と思っていた胡瓜も、新芽が出て生き返ることも。自然の力はすごいで。」

年間を通じて約三割程度は虫にあげる気持ちで作付けするのです。

正当な対価を得る販売形態

正さんは、周囲に声をかけて神出有機栽培グループを結成。農協時代の人脈を活かして、卸売市場経由で神戸の大手百貨店に有機野菜を出荷しました。農業改良普及センターの協力を得て、独自の有機栽培マニュアルを作成。

「技術や情報、儲けを独り占めしてもなんも楽しいことない。仲間と一緒に同じ栽培方法で同じ品質のものをつくれたら販売ロットが増える。個々の農家が少量多品目栽培でも、仲間と協力したら市場に出荷できる。市場で認められてこそ一人前や。」

オシドリ夫婦でも、時には栽培計画などで意見対立。「船頭は二人いらん！」と正さんに告げられたきむ子さんはモヤモヤ。

「以前は自分が中心だったのに、農協や村の会議に、お父ちゃんがいくようになり、外部の世界から取り残されて、急につまらなくなってん。」

そこで、きむ子さんは平成三年に、神出有機栽培グループの女性に声をかけ「やりがい・儲かる・楽しい農業」を合言葉に農家女性グループ「ヘルシー・ママ・SUN」を結成。

「お父ちゃんたちが有機野菜を卸売市場に出荷、私らは消費者に直接野菜を届けたり、農業公園での朝市に出店したりして、顔と顔のみえる販売や交流に力をいれることにしたんよ。」

今でこそ、男女共同参画や家族経営協定という言葉が市民権を得るようになりましたが、ヘルシー・ママ・SUN結成時は、農家女性が給料を手にするというような事例はほぼ皆無でした。そんな中で、メンバー全員に生産者番号をわりあて、各自が自分名義の預金口座をもち、提携や朝市での売り上げを各自の名義の通帳に振り込むようにしたのです。きむ子さんたちは、農業界のキャリアウーマンの草分け的存在であり、これは農村女性の自立の第一歩だったといえます。夫や舅などに言いだしにくかったメンバーは、「会の方針で決まってしもてな、私の名義で通帳をつくらなあかんねん。」という言い回し作戦で説得したようです。

数々の流通形態の変遷を経て、現在、西馬夫妻は、個人会員（配達か宅配）、こだわり食材を求めるレストランやホテル、スーパーなどへ全て自分たちで直接出荷しています。

「農協や市場価格の一束一〇円代で出荷するのか、自分たちで値付けした二〇〇円前後で販売するのかが、生計をたてられるか否かの分かれ道。絶対に安売りはせえへん。値切る人には、こうてもらわんでいい。」

正当な対価を得られるルートにだけ西馬夫妻の有機農産物は流通しています。

アイディア満載の求心力

平成三年に農家の世襲制を打破すべく、従来の家族農業の形態をやめて、一日八時間労働、休日あり、作業従事者に毎月給料を支払う有限会社ヘルシーファームを設立しました。

「農家に生まれても必ずしもうちの息子が継ぐことはない。わしらの有機農業を子孫や地域に残したいと思ってくれる人が引き継いでくれたらいいとおもてるねん。」

現在、ヘルシーファームのスタッフは、入社一〇年以上になる入谷周太郎さんと古川圭三さん。二人とも非農家出身で、各々の家族の大黒柱。西馬夫妻の頼りになる大切な後継者です。

阪神淡路大震災時には、近隣の消費者に野菜を届け、洗濯場や風呂場を提供し、被災地の親子を田んぼに招待した西馬夫妻。これまで続けてきた農村と都市の交流の必要性を再認識。平成九年に交流拠点となる有機農業体験宿泊施設「グランメール」を建設しました。

「田舎のない都会の人たちに実家のような気持ちで使ってほしい」という想いをこめて、入り口には「おかえり」と書いた看板が飾られています。年間をとおして有機農産物の植え付け・収穫体験や料理教室、田んぼでの運動会などさまざまなイベントを開催しており、毎回たくさんの人がグランメールに集まってきます。

「自給自足できる農家でないとな。」

切り干し大根、漬け物、お手玉など農産物の加工品は当たり前。「ムクゲの水虫薬」はきむ子さん特製、温風装置のついたフタつきのバスタブは、正さん手作りの「乾燥野菜製造機」。いろいろなものをアイディア活かしてホームメイド。正さんがコツコツと手作りで建てたログハウス「オーガニックキッチン・グランメール」は、グランメールに隣接する完全予約制の農家レストランです。西馬さんちの有機野菜たっぷりのメニューが好評です。

これまでに何人が西馬夫妻のところへ訪れたことでしょう。

「うちはくるもの拒まず。人はよるほどに知恵もよる。ここにきて自分さがしをしてくれたらいい。農業はビジネス。自分のこしらえたものをきちんとお金にかえな生活できへん。だけど、すべてお金のためなんていっとったらおもしろない。農業のもっと奥深くにある農的世界、ゆったりした時間、ここちよい自然環境、おじいちゃんおばあちゃんのやさしさなど田舎のよさをここにきて、感じてもらえたらええな。カネ社会ではあかんねん。ココロ社会をつくっていかんとな。」

ココロ社会づくりを目指して、正さんときむ子さんの挑戦はこれからも続きます。

写真2　ガッツポーズで意気込み満々の中井章洋さん・章人さんイケメン父子

3　中井章洋さんのここがおもろい！

【農家データ】

・中井章洋（なかいあきひろ　一九五六年三月二一日生まれ）さん・中井章人（なかいあきと　一九八四年二月二一日生まれ）さん親子。
・京都府相楽郡和束町二町（茶畑）の有機ほ場（有機ＪＡＳ認定ほ場は一反五畝）。
・有機抹茶・煎茶・赤ちゃん番茶・ほうじ茶などの和束茶を生産・製造。
・「圓通」http://entsu.rdy.jp/

茶道のココロと精進が基本

「世の中にはいろんなすごい人がいてはるな

～おもて。山形の星寛治さんとか島根の佐藤忠吉さんの講演をきいたときに、俺もあんなふうになりたいな～って思ったんやわ。」

そういう中井さんも有機茶づくりのキャリアはすでに三〇年以上。

「いや、そもそも有機茶をつくりはじめたきっかけが経営手段としてやったからな～。自分で価格をつけて販売できるもんをつくろうという気持ちが強くて。」と恐縮の面持ち。

「そうはいっても有機茶づくりに専念するうちに、環境のことや飲む人たちの健康を想えるようになって、今は天職やと思ってるんやけどね。」

充分「すごい人」だと思うのですが、「いやいや～」っと赤面されるのがとてもお茶目な中井さんです。

「有機の抹茶をつくりたかってん。茶葉の残留農薬は、急須に茶葉をいれてお湯を注ぐと溶け出てくるやん。茶葉そのものを飲む抹茶は、とくに有機でないとあかんと思うんやわ。」

中井さんは昭和六二年から裏千家に入門し、一〇年間茶道を習得。

「抹茶をつくるなら、まずは茶道の精神を習いたいなぁと思ってん。」

中井さんにとって、茶道は人生哲学。相手の幸せを願っておもてなしの気持ちをどう伝えるか、自分の生き方、けじめについてなど、さまざまなことを習得。一つ一つの動作にちりばめられている作法を普段の生活にもとりいれています。

「茶道は武士の魂がこめられた男のたしなみやと思うんやわ。」

有機の茶畑の病虫害対処法をきいてみたところ、「虫がついて、あ〜っとなってもい〜っとなったらあかんねん。手をぬかんと信じて精進することやね。」とにっこり。具体的には、風通しのいい茶畑を選んだり、天敵に任せたり、病虫害跡を刈り取ったりします。

「お茶は枝先が枯れても、根っこがしっかりしてたら新しい芽がまたでてくる。枝も土につくと根付くからすごい生命力やで。肥培管理には圧搾のなたね油カスやこだわりの魚粕を使い、アミノ酸の作用でおいしいお茶になるように日々、精進することですわ。」

「特製担い茶屋」でどこへでも!

中井さんのお茶の売り方はとてもユニーク。赤い毛氈が印象的な担い茶屋に着物姿で登場。担い茶屋とは、風炉、釜、茶道具を天秤棒で担い、茶を販売する道具一式のこと。

「好奇心旺盛やねん。行ったことのないところには、行ってみたい。」

特製の担い茶屋を持参して全国各地はもちろん、フランス、ベルギー、アメリカにも渡り、お茶のPRに奔走。中井さんが淹れるお茶の味は絶妙のお湯の温度とタイミング、茶道で培ったおもてなしのココロがプラスされて、まるでスープのようです。

有機抹茶を取り引きしているロス・アンジェルスにあるアースカフェ(Ｕｒｔｈ Ｃａｆｆｅ)の

店頭には、中井さんの茶畑や顔写真のポスターが飾られています。先日は、ロス在住でアースカフェ御用達のプロゴルファーまるちゃん（丸山茂樹選手）が茶畑を見学に来られました。飲んだ人に茶畑を訪れてみたいと思わせる中井さんのお茶。これからも担い茶屋であちこちのファンを獲得していかれることでしょう。

八代目は息子＝章人さんへ！

中井さんの後継者は息子の章人さん。

「子供が職業を選ぶときに、対象のひとつに茶づくりも入ってたらええなぁ〜いうて友達とは話したことあるんやけど……息子がやるって言うてくれて嬉しかったな。たぶん、気楽で楽しそうやと思ったんちゃうやろか。」とほほえむ中井さん。

章人さんが茶づくりに加わったことで、最近はお茶のインターネット販売も開始。今後の目標は、「有機の玉露づくり」。中井章洋＆章人親子の挑戦はこれからも続きます。

4 尾崎零さんのここがおもろい！

【農家データ】
・尾崎零（おざきれい　年齢不詳）さん。
・有機畑三反五畝（有機ＪＡＳ認定は取得せず）、作付野菜は約八〇種類。
・「べじたぶる・はーつ」http://www.yuki-hajimeru.or.jp/training_search/66.html

卒サラ＆規模縮小路線＆産消循環自給農場の運営

写真3　職業や年齢は不詳、ミステリアスな尾崎零さん

零さんは「卒サラ」です。「脱サラ」は、経済性や効率性に重きをおいた管理社会でサラリーマンをやめて自分で事業展開すること。「卒サラ」は、管理社会そのものから卒業し、自立して生きていくことだそうで、零さんの造語です。零さんが、生きる上で基本となる食べ物を自分でつくる有機農家に転身し、産消提携運動を開始したのは、昭和五三年のことでし

た。農業経験や大工経験はまったくなかったのですが、畑作業も自宅のログハウスづくりもすべて自分で考えて判断して実践してきました。「やりながら、学べばいい。」

零さんの畑は三反五畝。どこまで規模を縮小してやっていけるかに挑戦した結果です。「年間八〇種類もの野菜をつくるうちみたいな農家は、これ以上面積を増やすとかえってマイナス効果になる分岐点がある。病虫害を見込んで多めに作付けするんじゃなく、作付けしたものを確実に収穫すればいい。少ない面積でも生活できることを示せば、これから農業をやりたいと思っている人たちの就農に際してのハードルも下がるでしょ。」

そうはいっても、病虫害が発生して確実に収穫できないときもあります。

「そんなときは、こんな時もあるさって思えばいい。農業は何回でもやり直しがきく。毎年リセットできるのが魅力。管理社会から卒業して好きなことしてるんやから、くよくよせず、ノンストレスでいくことが大事！」とにっこり。

平成六年に零さんの農場は「産消循環自給農場べじたぶる・はーつ」としてリニューアル。その特徴は以下の四つです。

①産消両者にとっての自給農場という位置付け、

②会費は年額制、

③会員には週一回農産物を配送。会員が農場にきて野菜を持ち帰るのは自由、

④援農の強制はしない。
このシステムによって、零さんは年間収入を確実に得ることができます。消費者会員にとってはこれまでは零さんの農地だった畑が自分たちの自給農場になり、年間をとおして新鮮でおいしい有機野菜を届けてもらえるということになるのです。

指示待ちNG・自己管理OK

零さんは、若き頃、某大手企業の新入社員研修で、無理矢理、お寺で座禅を組まされたときに、上司に「なんでこんなことをする必要があるんですか」と言ってのけちゃった人。「管理社会にのみこまれるな！何事も自分で考えて判断すべき！」という管理社会へのアンチテーゼが零さんの原動力です。

そんな零さんのところに研修に行ったとしましょう。「何時にきたらいいですか？」とたずねたら「自分で決めなさい。うちは学校じゃない。」といわれます。研修費は「自ら学ぶ場合は無料、教えて欲しい場合は一応有料」です。自分で考えて判断する、そこから研修が始まり、プロへの第一歩が始まる。零さんはそのように考えています。

零さんは有機農業界のアイドル

零さんは、一見、農家に見えません。年齢も不詳です。

「何を職業にしているのか、人が見ただけでわかっちゃうなんておもしろくないでしょ？ミステリアスでないと、管理社会にのみこまれちゃうよ。」とさらっといってのける零さん。

「明るく・さわやか・スマートでいたいからね。ハッキリ・クッキリ・スッキリをモットーに、カラダを鍛え、センスも磨かないとだめだよ。」

「第三者がみて、あんな農業、あんな暮らしならやってみたい！と思われるようでないと次世代の実践者は育ってくれないでしょ。」

言ってみれば、零さんは有機農業界のアイドルです。平成一八年には零さんが主人公のドキュメンタリー「フランドン農学校の尾崎さん」という映画が完成、平成二〇年には「自立農力」という著書も出版されています。零さんにあこがれて、就農した人は数知れず。これからも零さんファンクラブの会員は増え続けていくことでしょう。

まだまだ紹介したい「関西のおもろい有機農家」はたくさんおられますが、紙面の都合上、三名が限度。またの機会まで、さいなら～。

12 〝モノ〟の生産から〝ココロ〟の充足へ
――農が持つ教育的価値――

丸一　浩

問題が山積している日本農業、しかしそんな中、大阪市の類グループは〝新しい「農」のかたち〟をテーマに、子供向けの自然体験学習教室や企業向け農業体験、農業インターンシップといった農を中心としたさまざまな事業で、農が創り出す多様な豊かさや高い付加価値を追求しています。モノからココロへのパラダイムシフトが起こり出している今、農の持つ無限の可能性をもう一度考えてみませんか。

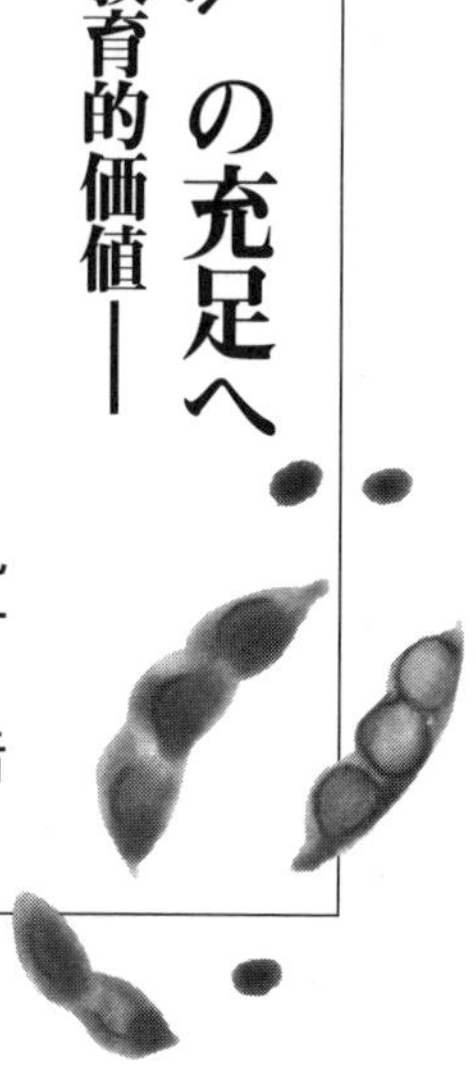

1 農の可能性を追求する

現在、農村は、農業の担い手不足、遊休農地の増加など深刻な問題をいくつも抱えています。

一方、都市では、市場経済の衰弱が進むにつれ、自然、健康、安全、安心志向が高まり、やりが

写真１　類農園の仲間たち～農業の可能性は【無限】だ！～

いや手応えを求める若者を中心に、新しい可能性を農や自然に見出そうとする気運が年々上昇しています。

とくに最近では、テレビや新聞のみならず、若者向けの雑誌にも農業の特集が組まれているのを目にすることが多くなり、農業に対する注目や期待が、ますます強くなっていることを実感しています。

このような時代の流れの中、大阪市に本社を置く「類グループ（類塾、類設計室、類地所、社会事業部などを有する）」が、「農の可能性を追求する」ことをテーマとして平成一一年に設立、新規参入した農業生産法人が「有限会社類農園」です。奈良県宇陀市と三重県度会郡度会町に農場があり、福井県三方上中郡若狭町にある就農定住促進の為の農業生産法人「かみなか農楽舎」の経営にも参画しています。

一〇年の活動の結果、農林水産省の「土地改良事業地区営農推進優良事例」で「農村振興局長賞」を、ま

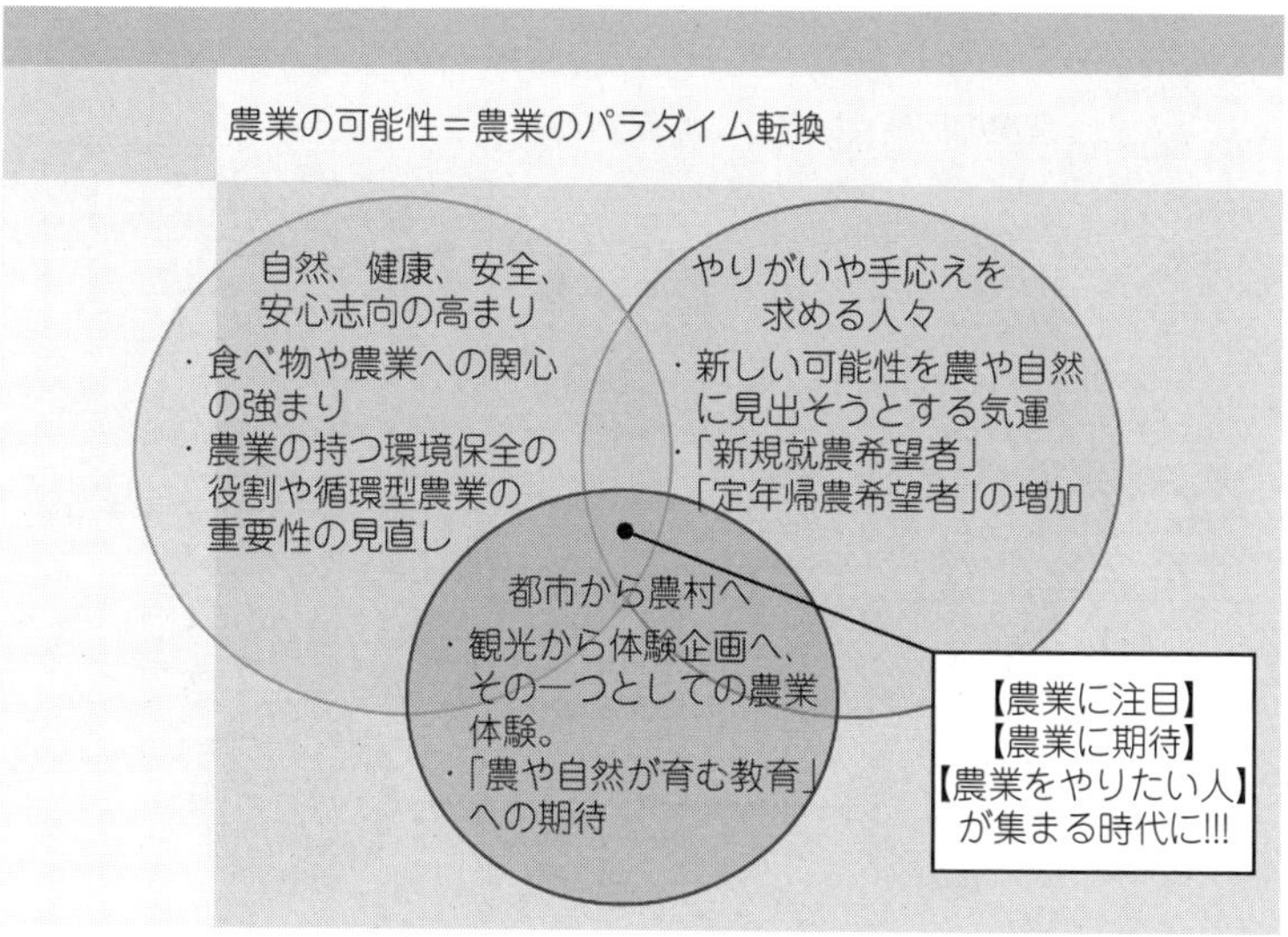
農業の可能性＝農業のパラダイム転換
自然、健康、安全、安心志向の高まり
・食べ物や農業への関心の強まり
・農業の持つ環境保全の役割や循環型農業の重要性の見直し
やりがいや手応えを求める人々
・新しい可能性を農や自然に見出そうとする気運
・「新規就農希望者」「定年帰農希望者」の増加
都市から農村へ
・観光から体験企画へ、その一つとしての農業体験。
・「農や自然が育む教育」への期待
【農業に注目】
【農業に期待】
【農業をやりたい人】
が集まる時代に!!!

た全国農業会議所・全国農業新聞主催の「第一回耕作放棄地発生防止・解消活動表彰」で「全国農業会議所会長賞」をそれぞれ受賞。また、地元奈良県からは「奈良県農業賞」を受賞したほか、三重県の「環境価値創出型農業実践モデル事業企画提案コンペ」で一位になるなど、類農園の農業が社会的にも認めていただけるようになったところです。

2 〝モノの生産〟から〝ココロの充足〟へ

現代はモノの時代からココロの時代、モノからコトの時代、と言うような表現をされる時代です。モノは飽和しています、農産物も同じです。人々はモノよりもこれについてくるヒトつ

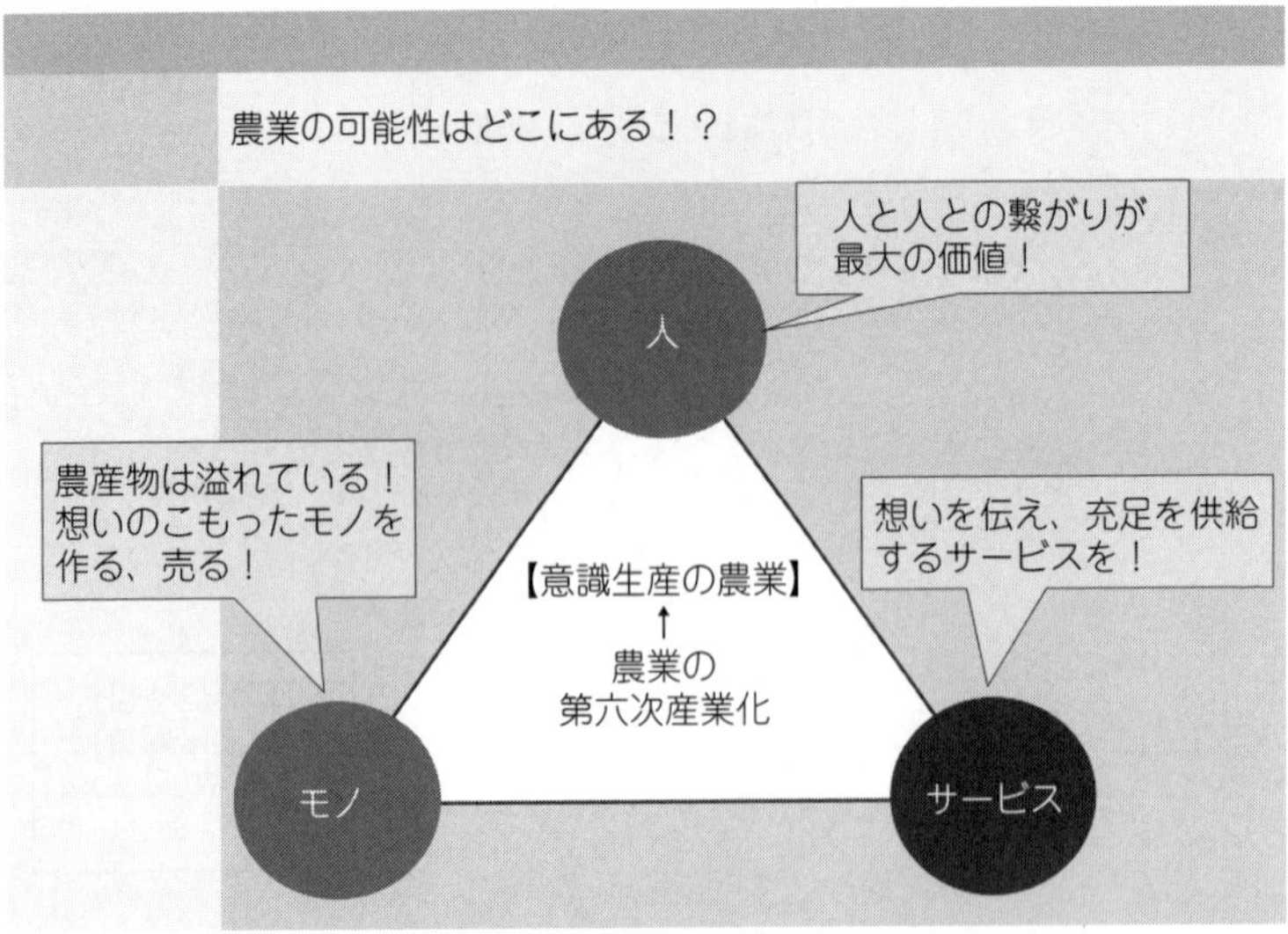
農業の可能性はどこにある！？
人と人との繋がりが
最大の価値！
人
農産物は溢れている！
想いのこもったモノを
作る、売る！
想いを伝え、充足を供給
するサービスを！
【意識生産の農業】
↑
農業の
第六次産業化
モノ
サービス

まりココロであったり、コトつまりサービスや場に魅力を感じているように思います。したがって、モノつくりの時代から意識を創造する時代＝「意識生産の時代」と言う認識で、〝新しい「農」のかたち〟を考えていく事が必要だと思います。

第三次産業人口比率は七〇パーセントに達しています。農業においても、単に農産物を作るという〝モノの生産〟から、これらにどのような付加価値を付けるのか？農業や農村の持つさまざまな機能をどのように活用して人々の心に癒しや活力、充足を提供するのか？が問われ、期待されているように思います。

たとえば、農産物の付加価値としての農法紹介や作り手の想いの発信、アピールが商品の価値を決めたり、貸し農園や観光型農園を訪れる人や農業体験や農業インターンシップで農業の仕事や農的生活の体験を希望する人が増えたり、農産物を超えた、〝ココロの充足〟と呼べるような価値がもう既に形成されています。

モノや便利さではない、本物の豊かさが求められている時代です。農業や農村は豊かです。今こそ農業や農村を再生する絶好のチャンスだと思います。

3 農が持つ教育的価値

それでは、類農園の事業を紹介しながら、「農」における〝ココロの充足〟とは何か?その先端事例を挙げ、社会の期待に応え、次代の農業を創造するにはどうすればいいのか、さらなる可能性はどこにあるのか?を考えていきたいと思います。

(1) 自然体験学習教室

「自然」や「農」は最良の先生

類農園では、グループ会社の一つである類塾と協働で「自然体験学習教室」という、小学生とその家族を対象にした体験型の教室を開講しています。類塾は大阪府に五一教室を開設、一万七〇〇〇人の生徒をお預かりしている進学塾です。大阪の上位高校への進学数では大阪トップの塾ですが、「勉強だけの子にしたくない」という親の願いに応えたい、その想いが、「自然体験学習教室」の開講につながっています。

現在は月に一～二回開講、夏合宿も開催し、参加者は毎回子供達が九〇名、ご父兄二〇名、スタッフ二〇名程で、四月は種まき、五月は野菜苗の定植、六月は田植え、八月は収穫など、作物の成長に合わせたカリキュラムを組んでいます。

写真2　類農園・類塾「自然体験学習教室」田植え体験
～みんなでだったら何でもできる！～

自然体験学習教室に参加した生徒の声　大阪　小学生　Kさん

不安ながらも初めて農園に行って私が発見したことは、「野菜はただ作るだけじゃなくて、食べる人の『気持ち』を考えながら野菜を大切に育てる『気持ち』が必要だ」ということです。昼ごはんを食べていると、農園の人が『気持ち』をこめて作っていることが伝わった気がします。なので、今日はいい勉強になりました。まだ行ったことのない人にも自然体験はおすすめだし、私もまた行きたいです。

写真３　類農園・類塾「自然体験学習教室」大阪販売体験
～お客さんに喜んでもらえたら嬉しい！～

自然や農業は最良の先生です。子供たちの心を癒し、感動を与えてくれます。実際に自然の中で作物を育てることを通じて、子供たちは、自らさまざまな工夫や試行錯誤を繰り返します。それらはすべて生きた経験、知識となって子供たちの記憶に残り続けます。〝自然〟を通じた教育は、生命の営みの不思議さ・大切さを体感させてくれるとともに、豊かな現実感覚を育ててくれます。この教室には二つの意味があります。一つ目はみんなで協力して何かを作りあげる充足感・達成感です。自然は個々の間にある心の壁を溶かしてくれます。子供たちは仲間とともに、自然を相手にしながら自信をつけ、たくさんのことを自分たちでできるようになってくれます。

二つ目は、子供たちが〝社会〟を直に体感する「販売体験」です。年間を通じて、子供たち自身の手で作物を植え、育て、収穫し、出荷までにどんな仕事があるのかを勉強し、そして、それらの経験と知識を総動員して「いかにお客さんに喜んでもらえるか」を考える。地元の直売所や商店街など、広い社会空間でお客様に評価される成功体験を積むことで、子供たちは本当の意味で一回りも二回りも成長してくれます。自然や農の持つ『教育機能』は、生きるための力、社会に繋がり、人の役に立つ為の力を与えてくれるものです。

「農」で社会を再生する

日本の社会はもともと、村落共同体を母体として形成されていました。『村をみんなで守っていく』という共通の課題があったからこそ、協調性の獲得につながり、必要な仕事に対して活力を持ってとりくんでいたのではないかと思います。そして、村落共同体の中で、子供たちは小さい頃から大人達の仕事や農作業を手伝い、さまざまな経験や知識、技術を身に付けてきました。また、昔は誰々の子供という意識はなく、村の子供はみんなの子供という意識が強かったようです。子供にとっても、大人達みんなが親であり、子供達みんなが兄弟のようなもので、いつも安心し、すくすくと成長していく場になっていたように思います。

現代の「教育をどうする!?」と言う課題に対しては、次代に繋がるこのような「共同体の形成」が本質的な回答になると思います。農や農村が持つ機能は教育を超え、社会の再生にまで繋がっ

写真4　企業の農業体験〜期待し応えあう事が仕事の原点〜

ています。

（2）企業向け農業体験　社員同士の信頼関係を醸成しながら、「気づき」を得る

大人を対象にした体験プログラムも実施しています。たとえば、飲食関連のチェーン店の方には畑を提供して、毎週来ていただいて農業を体験していただくとともに農産物を持って帰ってお店で使っていただいています。また、取引先の惣菜メーカーの新人研修としての農業体験、ホテルのレストランのシェフやホール係の方達の農業体験も受入れており、日常出来ない体験の場を提供しています。

自らが食材の生産現場を知り、食材の生産に関わる事で、食やサービスのあらたな発想を生む機会となり、共同作業の中で社員同士の親睦を深め、モチベー

写真５　初めての農業体験～農業って楽しい！面白い！～

ションを高める絶好の機会となっています。みなさんとても充足し、それぞれ何かを掴んで帰って行かれるようです。

現在は、観光よりも体験、それも、どこにでもあるような体験ではなく、自然や農を題材にした「気づき」を持って帰れる、いわば教育的価値が期待されているのです。

（３）新規就農者向け農業研修
研修生の受け入れ数は全国トップクラス

農学を学ぶだけでは物足りない！農業の事をもっともっと深く知りたい！将来、農業に就く事を考えたい！……類農園ではこんな若者達に農の楽しさ、面白さ、そして大変さ、を知ってもらう為に農業インターンシップや就農研修の受入をおこなっています。受入者の数は、毎年三〇人を超え、全国でもトップクラスを誇ります。
彼らは私たちと一緒に仕事をし「農」の将来を考え、支えあう仲間です。数週間という短い期間であっても、彼らに、色々な体験をしてもらい、知識や経験を学んで帰ってもらいたいと思っています。社員や研修生、学生という垣根を越えて、一緒に何でも話し合えるような関係を築くことが必要だと感じています。

農業インターンシップに来た学生の声　愛知　大学生　Sさん

農業は人と協力し合わなければ成立しない業種であってとくに人間くさい職だと感じました。研修してわかったのは、作物は勝手にできるものではないということです。土を作り、畑を耕し、種を撒いて、雑草や虫と戦いながらやっとできるものでした。そういう意味では農業は凄く科学的です。間違った事をすれば必ず失敗してしまうものです。逆にいえば、良い作物が出来たときはすごく嬉しいと思います。最後に、共同生活ってのはいいものですね。みんなで一緒にご飯を食べたり、色んな話をしたり、短い期間でしたが、家族の一員になったような感じがしました。

「農をやりたい！」「日本の農業を担うぞ！」と言う本格派の就農希望者には「就農研修」のプログラムも用意しています。「やりたい」だけでは実現しない、さまざまな技術から、経営、販売に至るまで、農の実際を学ぶ「場」を提供しています。

4 「人と人との繋がりが最大価値」の時代

農や農村の魅力とは、実はその風景や農家が農作業をしている姿、野菜や米が畑や田んぼになっている姿そのものにあります。体験企画でも都市の方は、農産物を持って帰る事だけが楽しいのではなく、畑に入る事、畑の中の農産物を直に見たり触る事、そして農家と話をする事、に価値を見出しています。同様に農産物もモノとしてではなく、これに付いてくる情報、つまり、農家の日常や日々の出来事、その想いが付加価値と呼ばれるものだと思います。つまり、単に農産物という〝モノ〟を生産するのではなく、「農」や自然を学び、そこで働く人の想いに触れる体験を通して、〝ココロ〟を充足してもらうことが、これからの「農」に求められていることなのです。

「農」に向かう若者が増えている理由も、その辺りにあるように思います。

重要なことは、まず「お金よりもやりがい、社会や人との繋がりが最大の活力源の時代になった」というパラダイム転換の認識です。本質的な利害関係はみんな同じです。「食の安全や安心が

写真６　「宇陀ふるさと黒豆枝豆まつり」収穫体験
〜想いを伝え合う【場】を作る〜

ほしい」「互いに信頼しあいたい」と言う想いを共有することこそ、これから依って立つべき新しい時代の価値観だと思います。

「農」は、そうした想いを学ぶ最適な場として、今後ますますその重要性を高めていくと思います。このように【農の可能性】は無限です。類農園は、そうした「農」を実現していきたいと考えています。

13 森とまちをつなげる木材コーディネーター

中塚雅也

木材コーディネーターという仕事が生まれつつあります。森とまちをつなぎなおし、木を育てるところから使うところまでをトータルにコーディネートする新しい仕事です。第一人者である能口さんとウッズの活躍をとおして、持続可能性に乏しく、木を扱う知識さえ失われつつある現在の森林管理と木材利用の問題を知るとともに、森とつながるこれからの地域社会と木材コーディネーターの役割を考えます。

1 木材コーディネーターという仕事

「木材コーディネーター」という仕事が生まれつつあります。その提唱者であり、第一人者として活躍するのは、兵庫県丹波市に住む能口秀一さん。能口さんは、林業や農業とはまったく関係

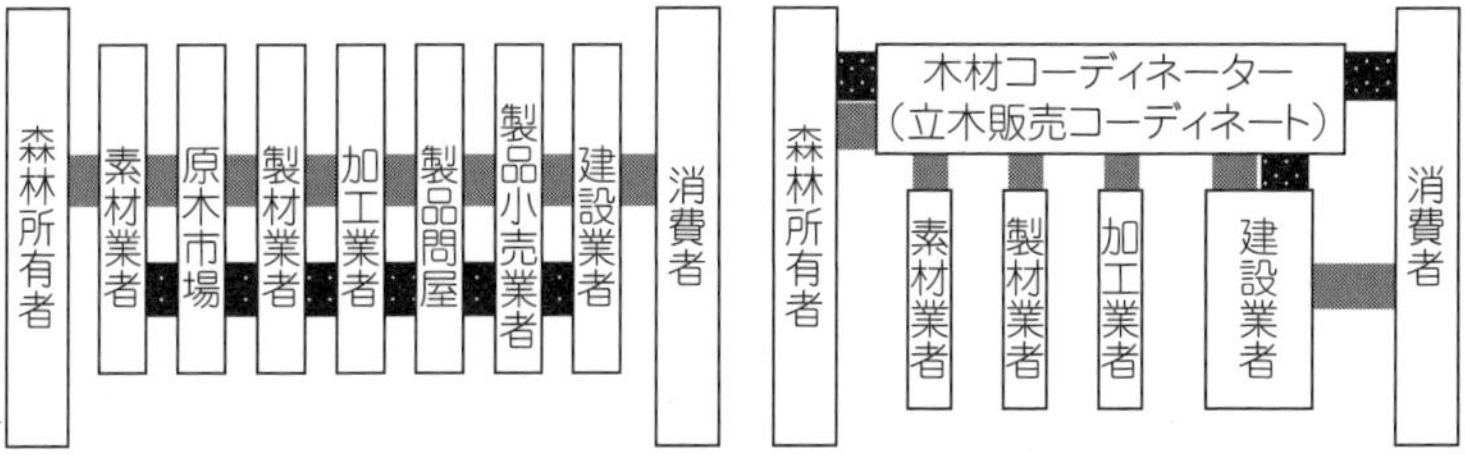

図　一般流通（左側）と木材コーディネーターが関係した流通（右側）
■は物の流れ、■は情報の流れをそれぞれ表わしている。
資料：「サウンドウッズ」ホームページより転載

ない都市部の生まれ育ち、Ｉターンとして丹波市に移住された方です。転職、移住を契機に、丹波市内の製材会社に勤めることになり、そこから一〇年を経て、「森」だけでなく、その「仕事」を育てています。

　その木材コーディネーター、一体どのような人なのでしょうか。能口さんは、「地域の森づくりに配慮しながら、木材の価値を見極め、その価値を必要とするマーケットを作りだし、消費者に確実な品質の木材を届ける知識と技術を身に付けている人」であり、「森と生活者を木材流通によって結びつける知識と技術を兼ねそなえた〝木のスペシャリスト〟」と説明しています。

　中心となる具体的な職能は、図の右側に示すような木材流通の一貫した管理です。一般的な国産木材の流通は、左側に示すように、いくつもの業者を介在しながら、最終消費者に届く経路をとっています。木材は、業者から業者へ順次渡っていくのですが、その過程で、どのような木がどのように使われているかは、最初の所有者も最後の消費者も分からなくなってしまいます。また途中の業者間であっても、それぞれの段階における、商品としての最低限の情報しか共有されません。こうした多段階の流通は、資材調達や在庫管理のリスクを軽減するという点ではメリットはあります。しかし、流通コストがかさむことに加え、木材の行きすぎた商品化をすすめ、本当の意味での効率的な木材利用がされなくなってしまっているのです。

この問題に対して、消費者と森林所有者を直接つなぎ、情報の共有をすすめ、用途にあった欲しいものを欲しいだけ提供しようとするのが、木材コーディネーターを介在したしくみです。これはいわば木材の地産地消、直接販売のしくみ。木材コーディネーターが、すべての行程を管理することにより、最終的な用途にあわせて、木を一本一本選び、余すことなく利用していきます。実務的には、工務店など建築業者にすべてを任せるのでなく、建築資材の一部である木材だけを分けて発注するという「分離発注」という方法をとることによってすすめられます。コーディネーターに依頼する費用が増えるとも思えるのですが、流通の簡略化によるコスト削減を考えると大きく変わらないか、得られる木材の質を考えるとメリットの方が大きいと思われます。また、自分自身が森に出向き、利用する立木を一本ずつ、コーディネーターとともに選ぶという楽しみも得られます。

2 そして誰も木の扱いを知らない

ところで、このような木材コーディネーターが必要とされる背景には、大きな社会問題があります。ひとつは、よく知られる複合的で深刻な問題です。安い外国産の木材が入ってきて、木を伐ってもお金にならないといったこと、それに関係して山が放置され、災害を引き起こしたり、自然生態系に悪影響を与えていること、そして、農村部の過疎・高齢化による担い手不足などです。一方でこれとは異なる、あまり知られてない問題があります。それは、山で木を切っている人ですら、木の切り方を知らない、製材業者の人ですら、製材の仕方を知らなくなってきていることです。当然、彼らは木を切ったり製材したりは出来ます。しかし、木を切る人は、ある量の木をある時間内に効率良く切り出すことだけに注力して、用途を見据え、付加価値を高める木の切り方を考えません。製材する人は、必要とされる規格サイズに、早く、綺麗に整えることだけに終始してしまい、木の部位毎の特徴を活かした木割りを考える余裕がありません。その結果、どのように木をみて、どのように切ればいいのか、最終的にどのように使えばいいのかということをトータルに考えて作業をおこなう技術や知識が失われてしまっているのです。各流通段階における部分的な最適性を考えての行動が、木材流通全体としての非効率を引き起こしています。行き過ぎた商品経済化の罠に陥っているともいえます。木材利用の問題は、収益や自然環境の悪化のように、目にみえる問題だけでなく、技術や知識の喪失という目に見えにくい問題も抱えているのです。それらは高齢化や担い手不足からだけでなく、市場の構造的な問題からも引き起こされているところにその深さがあります。

平行して、森林と地域の住民との関係性も、取り返しがつかないところにきています。薪炭や堆肥利用、食料採取のための利用がほとんど失われているのは周知のとおりですが、その関わり方の作法や知識、それらを統合した地域の生活文化が、個人レベルでも組織レベルでも失われつつあります。一度も山に入ったことがない子どもたちが増えていますし、自分の山、集落の山がどこにあるのかさえ知らない人が増えています。山での活動は、森林の林業作業員や猟師など、一部の専門の人々だけのものとなり、地域の多くの住民は、山にほとんど関心を持たずに生活を送っています。

木材コーディネーターには、以上のように、木材の流通経路のいわゆる垂直方向における分断と、その木材を生み出す山と地域の人々との関係性という面的、水平方向の分断を、もう一度、新しい形で繋ぎなおしていく役割が求められています。

3 ウッズ／サウンドウッズの立ち上げ

そんな能口さんの仕事の母体となるのは、有限会社ウッズ（Ws Ltd., Co.）です。共同経営者で建築家の安田さんとともに二〇〇四年に立ち上げた会社です（代表 能口秀一）。また、木材コーディネーターの育成をはじめとする森林資源の有効活用のための公益的な活動は、二〇〇九年に設立したNPO法人サウンドウッズにて推進しています（代表 安田哲也）。活動拠点としているのは、兵庫県丹波市氷上町です。

この仕事と場所にたどり着くまでの能口さんのキャリアはとても魅力的です。能口さんは阪神間の育ちで現在、四六才。大学卒業後は、写真スタジオで撮影の仕事を続けていましたが、三〇歳を目前にして一念発起、田舎での生活を目指すことにしました。場合によっては漁師になっていたかもしれないと本人が回顧するように、生活のための仕事は何でもよかったそうです。また住む場所にも大きなこだわりがあった訳でないといいます。偶然、求人誌でみつけた仕事が、丹波市での製材所での仕事だったということで移住しました。ここではじめて林業との関わりが生まれます。

一〇年間、製材所でサラリーマンとして、最後には工場長を任せられながら勤めた後、二〇〇四年、三九才の時に有限会社ウッズを起業しています。地元出身の建築家であった安田さん（当時、三四才）と仕事を通して知り合い、意気投合してのことでした。この二人が手を組むことにより、現在、ウッズがおこなっている木材の製材、原木調達、家具製造、建築設計など仕事を一体的におこなえるようになりました。また、後に、そうしたしくみを社会的に拡げるための調査や助言、そして木材コーディネーターの育成という活動を分けておこなえるように設立したのがNPO法人サウンドウッズです。

この木材コーディネーターを育成する活動は、いままさに始まったばかりですが、その概要を少し紹介します。基幹として準備されているのは、木材コーディネーターの認証制度です。初級、中級、上級の認定制度を設け、それぞれの段階に応じた養成講座を開講しています。受講者は、木材を取り扱う上で必要な、実務的な技術習得を目指した講義と演習を受け、立木の調達、原木、製材過程、仕上げ加工、製品、価格設定、流通におけるリスクヘッジなど、コーディネート業務をおこなう上で、必要とされる知識を身につけます。また、消費者向けに企画された体験イベントの補助活動を通して、実践的に消費者ニーズをつかみ、それを自身の事業企画につなげることで、その人自身の木材コーディネーターとしての事業モデルを構築できるように組まれています。

このように、能口さんらの活動は、組織的には、木材コーディネーターの仕事を体現する有限会社ウッズと、育成するNPO法人サウンドウッズが両輪となってすすめられています。

4 森とつながるこれからの地域社会

以上、木材コーディネーターを体現し、広める能口さんの仕事と歩みをみてきました。そこから私たちが学ぶべきことは大きく二つあると思います。

一つは、創意工夫さえあれば、農村地域での仕事はつくりだすことは可能で、移住して生活をしていけるということです。「田舎では仕事はない」という話はよく耳にします。たしかに、既存のしくみのなかで、仕事をみつけるのは難しいかもしれません。しかし、埋もれた資源に少し角度をかえて光をあててやると、新しい仕事を作り出せるのです。その時に必要なものは何でしょうか。能口さんの場合、製材所での一〇年間における知識や技術の獲得、そして地域でのネットワークや信頼の獲得が直接的には必要不可欠だったと思います。しかし能口さんはいいます。「写真の仕事をしているときに培った対象物への光のあて方、対象物をみる目が役立っている」、「そしてなによりも、技術や知識を習得する技術が役にたってきた」と。写真も製材も職人の世界で、ともに「教えるのが苦手な人」と評します。写真の世界で培ったその「盗む能力」が、振り返ってみると仕事の糧として繋がっているというのは興味深いお話です。

また、もう一つの学ぶべきことは、その農村地域の新しい仕事の一つとして木材コーディネーターに可能性があるということです。木材コーディネーターは、能口さんだけに可能な属人的な仕事ではありません。全国に広がるニーズのなかで活躍の機会は増えていますし、必要とされる人材は足りていないといいます。こうした観点から仲間を増やしていこうというのが、木材コーディネーター育成のとりくみでもあるのです。体系づけられた知識・技術を学べるしくみがつくられたことにより、習得のハードルが少し下がっているはずです。特別な「盗む技術」がなくとも、意欲さえあれば、誰でも木材コーディネーターとして活躍できる可能性は開かれているといえます。

さて最後に、これからの森林と地域と仕事の関係をまとめたいと思います。先に述べたように、森林所有者と林業関係者と消費者の関係、地域住民と森林の関係は切り離れてしまっています。このまま放っておくと、その傾向はますます強まるでしょう。今後の持続可能な森林管理のためには、木材コーディネーターのような専門家の活躍が不可欠であると思います。ただ、能口さんも言っていますが、木材コーディネーターは、単独の職業である必要はありません。職能として建築家や工務店、森林組合の組合員、作業者などがそういう機能を持ち合わすことでも構いません。また、ドイツでは森林所有者が組合をつくって、このようなコーディネーターを雇用するようなしくみもあるといいます。所有者それぞれの意向に応じて、個別のビジネスモデルを提案する、そうしたサポートの仕事が社会的に定着することが求められています。

写真　コーディネーター養成講座での現地実習

また、能口さんは「地域には森の価値を高める製材所が必要」と言います。多くの地域において地元の製材所の存続が危ぶまれています。製材所がなくなってしまえば、切り出した木を自分たちの手で商品にかえる力を失います。林業の経営は数十年単位で考えるところに特徴があり、森林は木材としてだけでなく自然生態系、景観、生活文化などの点からも有形無形の価値を提供してくれます。

今、地域全体として、長期的な視野にたった流通のシステムの構築をすすめることが急務です。木を育てるところから使うところまでを、地域の生態系や人々との関係づくりを重視しながらトータルにコーディネートする「木材コーディネーター」への期待、そのリーダーとしての能口さんの活躍への期待は高まるばかりです。

14

農家女性による「地産地商」活動の展開
―大阪・(有)「いずみの里」―

大西敏夫

有限会社いずみの里（以下、「いずみの里」）は、平成一三年に大阪府和泉市の生活改善グループ有志五〇人が出資して設立した、大阪初の農家女性だけの法人組織です。〝ふるさとの味をさまざまな形でお届けします〟をキャッチフレーズに「地産地商」活動を展開し、売り上げも年々右肩上がり。多くの困難も農家女性ならではの「パワー」で乗り切り、現在では食と農をつなぐ「架け橋」の役割を担っています。

1　生活改善運動から農産加工・直売へのとりくみ

「いずみの里」は、三つの生活改善グループ（横山・南池田・南松尾）によって平成二年に結成された和泉市農業女性グループ連絡協議会（以下、連絡協議会）を母胎にしています（表参照）。同連絡協議会の活動エリアは都市近郊とはいえ、大阪府南部に位置するミカン主体の農村地域です。生活改善グループでは、農作業改善や食生活改善による健康増進活動とともに、地域の食材を活かした農産加工にとりくんでいましたが、連絡協議会が設立されると活動を大きく飛躍させます。それはそれぞれのグループの特色を活かしながらイベントでの農産加工品の販売にとりくめるようになったこと、生産者と消費者のふれあいの場として品数や量を多めにした朝市にもとりくめるようになったからです。そして、なかでも朝市は、「自ら値段をつけて売ることの喜びを味わったことが大きな収穫だった」（「いずみの里」代表取締役Kさん）と回想されています。

さらに活動の転機は平成九年に訪れました。大阪での国民体育大会（「なみはや国体」）において、選手団への土産品として、和泉市は連絡協議会のマーマレード、小梅干し、タケノコ煮の農産加工品・三点セットを採用したことです。この土産品が大変好評となって、農産加工へのとりくみに対するグループ員の大きな自信となり、さらに法人化に向けてのステップとなりました。

2 法人設立の経緯

「いずみの里」による「地産地商」活動の展開は大きく分けて三つの時期に分けることができま

表　有限会社「いずみの里」のあゆみ（年表）

年次	事　　　　　　項
昭和57年	和泉市の三つの生活改善グループ（横山・南松尾・南池田）が連携。農産加工、朝市などに取り組む
60年	横山グループが夏みかんマーマレード、麦みその加工開始
63年	横山地域（農協倉庫）でミカンや加工品の朝市開始
平成元年	南松尾、横山地域（農協）で農産加工場設置
2年	和泉市農業女性グループ連絡協議会結成（横山・南松尾・南池田の三グループ）
3年	農産加工品のセット販売開始
5年	南松尾地域で朝市開始。横山地域国道沿いに朝市移転
9年	マーマレード・小梅干し・タケノコ煮の三点セット販売 （大阪「なみはや国体」）
10年	和泉市農業女性グループ連絡協議会内に法人化検討委員会設置
13年4月	有限会社「いずみの里」設立
14年	地元学校給食でのみそ、マーマレードなどの導入開始
16年	米粉パンの製造・販売開始 近畿農政局男女共同参画優良事例表彰（近畿農政局長賞）
19年	平成18年度地産地消優良活動表彰（農林水産省経営局長賞）
20年7月	道の駅・「いずみ山愛の里」（和泉市）で農産加工・米粉パンの製造・販売開始
23年4月	道の駅・「愛菜ランド」（岸和田市）で米粉パン・もちの製造・販売開始

資料：ヒアリング等により作成。

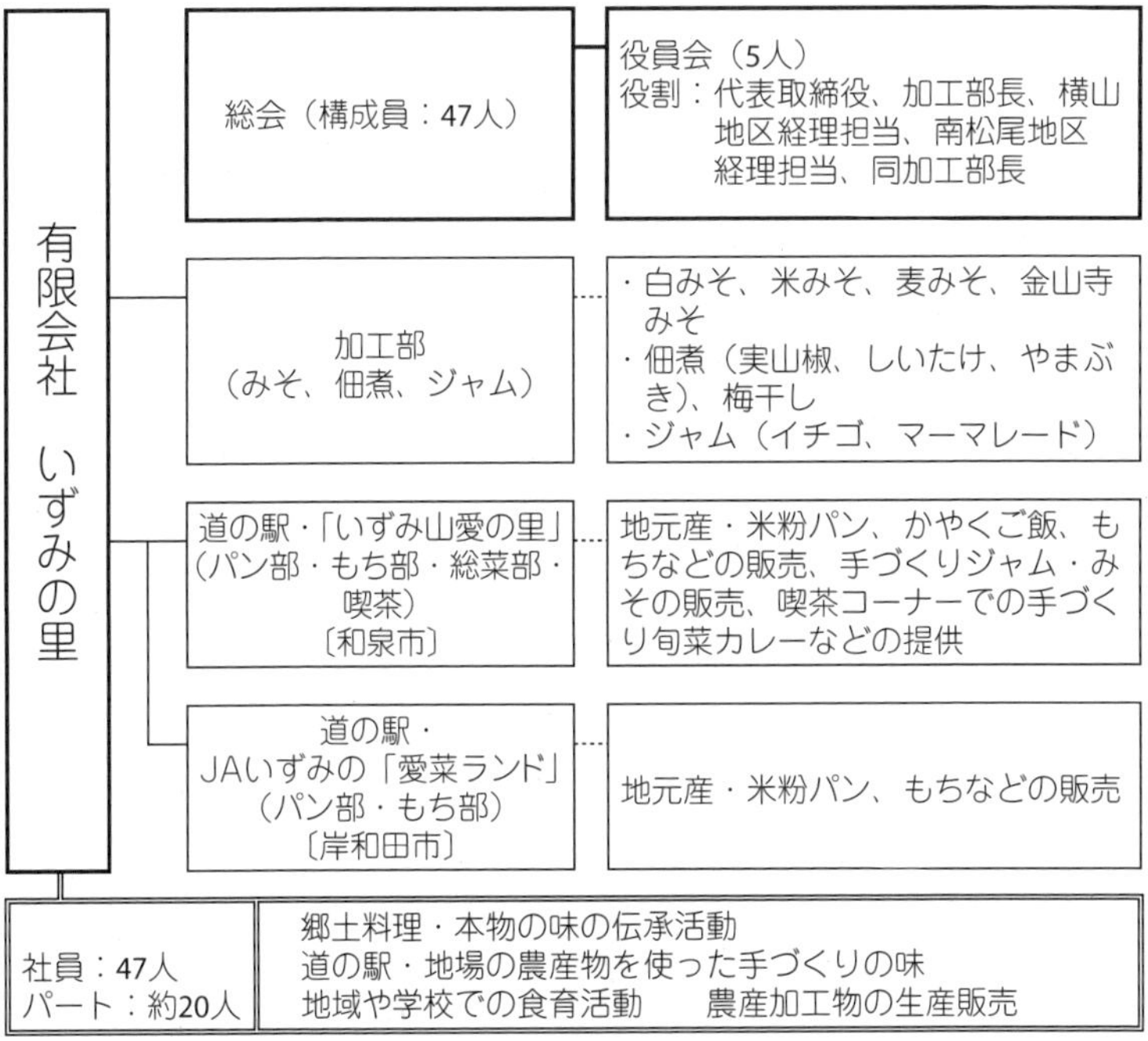

図　有限会社「いずみの里」の組織と体制

注：ヒアリング等により作成（平成23年10月現在）。

す。第一期が上述の約八年におよぶ連絡協議会での活動です。そして、第二期がつぎに述べる法人化にいたる時期です。なお、「地産地商」の「商」とは、「いずみの里」が地域食材を利用して加工・販売を重点にとりくんでいることから、本章ではこの表現を用いています。

さて、連絡協議会では平成一〇年に法人化検討委員会を設置し、その具体化に向けて動き出します。行政から「道の駅整備」構想が提示され、その運営を一部担ってほしいとの誘いがあったとはいえ、起業化をめざす農家女性の決意と意識の高揚が根底に存在していたといえます。三ヶ年にわたって、検討委員会では先進事例を視察したり、講演会・研修会などで学習を積み重ねました。「なぜ法人化、組織化するのか」、「法人化してメリットはあるのか」、「何をめざすのか」など、素朴な疑問を出し合いながらの熱い議論が交わされました。

この三ヶ年の話し合いが、気持ちが一つになり合意形成に向けての農家女性の覚悟と自立を促したものと考えられます。そして、「二一世紀を迎えたこの二〇〇一年四月二〇日に大阪府下の女性グループとして、初めて法人組織」(『有限会社いずみの里「設立主旨書」』)を立ちあげたのです。「いずみの里」の資本金は、五〇〇万円です。資本金の総額は現在も同額ですが、設立時は五〇人ですので、一人当たりにすると一〇万円ずつの出資です。その原資は朝市などで自ら稼いだ所得(=貯金)から出資されました。

このように、学習と話し合いを積み重ねるごとに信頼関係を構築し、農家女性ならではの地域密着型組織をつくりあげたといえます。法人化したことで、マスコミからも注目を集め、大手量販店との取引がすすみ、口コミによって朝市への来客が増加したといわれています。

3 法人化以降の活動とあらたな活動拠点でのとりくみ

第三期の「地産地商」活動は、法人化以降です。図は、「いずみの里」の組織と体制をみたものです。まず組織の概要をみると、役員が五人（任期は二年）ですが、その体制は活動実態に即した現実的でかつ機能的な構成を心がけています。総会は年一回で四月に開催されます。構成員（社員）は現在四七人であり、ほかにパート雇用が約二〇人です。社員の年齢構成はおおむね五〇代から八〇代とされ、なかでも六〇代、七〇代が多いといわれています。

活動概況をみますと、これまでの農産加工品の製造・販売に加えて、平成二〇年七月から道の駅・「いずみ山愛《やまあい》の里」（和泉市南部リージョンセンター）に活動拠点を移行させ、そこを本拠地にしています。「いずみ山愛の里」では、地元産米を原材料にした米粉パンの製造・販売、もちや惣菜の製造・販売のほか、喫茶（軽食コーナー）も受け持つこととなり、手づくり旬菜カレーやみそ汁つきおにぎりなどが提供されています。とくに米粉パンづくりでは、あらたなとりくみとして製造過程における技術習得に社員一丸となって研修・実習を実施しています。さらに平成二三年四月からは、隣接市の岸和田市に道の駅・JAいずみの農産物直売所「愛菜ランド」のオープンに伴って、第二の活動拠点ができました。そこでは、こだわり手づくり工房として地元産米を原料にした米粉パンやもちの製造・販売がとりくまれています。

このように、法人化以降は、農産加工品の充実、量販店などとの契約取引による常設販売、ホテルや駅構内での直売コーナーでの販売、大阪府内各地における農産加工品や野菜の売り込みなど販路の確保・拡大に奔走するとともに、道の駅をあらたな活動拠点とします。このほか学校給食に農産加工品を搬入したり、食育活動にもとりくむなど「地産地商」活動にひろがりと厚みがみられるようになります。とくに学校給食では、市内の小中学校にマーマレードや手づくりみそ、梅干しなどを提供するとともに、子供らの調理体験にもかかわっています。

以上が第三期の活動の大きな特徴といえます。

4 「地産地商」にとりくむ女性「パワー」の源泉

「いずみの里」による「地産地商」活動のポイントをみますと、おおむねつぎの四点に集約できます。

一つ目は、「農産加工物の生産販売」活動です。地元の食材でつくるジャム類、みそ類、佃煮類は道の駅だけでなく、大手量販店や駅頭などでもひろく販売されています。

二つ目は、「道の駅・地場の農産物を使った手づくりの味」の活動です。道の駅では、手づくりジャムやみそなどの農産加工品をはじめ、米粉パンやかやくご飯、もちなどが販売され、軽食コーナーでは地域色を活かしたメニューが提供されています。さらに、米粉パンともちの製造・販売は隣接市の道の駅・農産物直売所へとひろがりをみせています。

三つ目は、「郷土料理＝本物の味の伝承活動」です。「手づくりだからできる本物の味を次世代に伝えたい」との想いから、公共施設や地元の学校、イベント会場で食の講習会や郷土料理体験実習、男性の料理教室などに積極的にかかわってそれを今では中心的に担っています。

四つ目は、「地域や学校での食育活動」です。このとりくみは、子どもたちにみそづくりやマーマレードづくりの体験指導、夏休みの親子教室などを通じて、食への関心や理解を伝えたいとの考えからとりくまれています。

このように、地域の食材や手づくりにこだわり、さらに地域農業や自家農業とのかかわりで「地産地商」活動を展開させている農家女性の「パワー」の源泉について、つぎに検討しましょう。

「パワー」の源泉は、第一に、強固な信頼関係のもと家（自家農業）と法人との仕事を農家女性ならではの解決策で両立させていることです。構成員は全員農家女性であり、農繁期に家の仕事と法人の仕事とが競合する場面では、お互いにやりくりし、時には家の農作業を優先させるなど

写真1　いずみの里・会員勢ぞろい

それが可能な職場環境づくりを実践していることです。

第二に、年齢の幅ひろさが個性と能力を引き出し、組織全体としては集団による「パワー」として遺憾なく発揮されていることです。たとえば、みそづくりは年配の社員が担当し、パンづくりは若い社員が挑戦するというように、それぞれが年齢に応じた役割分担を自覚的に担っていることです。

第三に、農家女性として自らが収入（所得）を得ることで自立を促し、仕事への達成感・満足感を生み出していることです。さらに顧客の喜びは社員自身の喜びとして分かち合うなど社員一人ひとりが食と農をつなぐ「架け橋」としての役割を育んでいることです。

第四に、話し合いと学習活動の積み重ねが手探りとはいえあらたなとりくみへの不安を解消させ、さらに消費者ニーズを肌で感じとることによってアイデアが生まれ、新しい商品開発や販路確保につなげていることです。

これらの諸点が「パワー」の源泉であり、それが相乗効果となって地域農業や農家女性を元気づけているのではないかと考えます。

5 おわりに

以上のように、「いずみの里」の「地産地商」活動については、三つの時期区分にもとづいて述べてきました。ところで、「いずみの里」は平成二三年に一〇年目を迎えていますが、この間売り上げは順調に伸びており、法人設立時に比べて実に八倍強となっています。ちなみに、売り上げ目標としては、当面一億円をめざしています。「地産地商」活動の展開は、農家女性に自立と誇りを醸成させ、働く喜びを味わいながら地域を元気にさせています。それは生産・加工過程以上に、「商」を大切にする「大阪の女性ならではのとりくみ」と総括できます。このことが「いずみの里」による「地産地商」活動の最大の成果といえますが、今後の展開方向を考えますと、おおむね二つの課題が指摘できます。

写真2　米粉パンづくりの風景

第一に、「地産地商」活動の継続と組織・経営の継承を考えますと、収益性を高めながら売り上げを伸ばすことによって、社員の所得（賃金）を地域の賃金水準並みに確保することが重要となっています。このことを通じて、「いずみの里」では次世代に経営をスムーズにバトンタッチできる条件整備につながるといえます。

第二に、地域農業を基盤にしながら市民・消費者に支えられ、引きつづき支持されるような「地産地商」活動の一層のとりくみが求められているといえます。「地産地商」活動のあらたな展開が大いに注目されます。

参考文献

[1] 大西敏夫「大阪府和泉市における学校給食への地場産農産物利用の実態と課題」
[2] 内藤重之・佐藤信編著『学校給食における地産地消と食育効果』、筑波書房、二〇一〇年（平成二二年）。
[3] 社団法人 日本アグリビジネスセンター編集発行『地域マネジメントの展開と提言』、二〇〇九年（平成二一年）、四六〜六四頁参照。

やっぱりおもろい！関西農業

PART 5 元気な田舎、がんばる都市農業

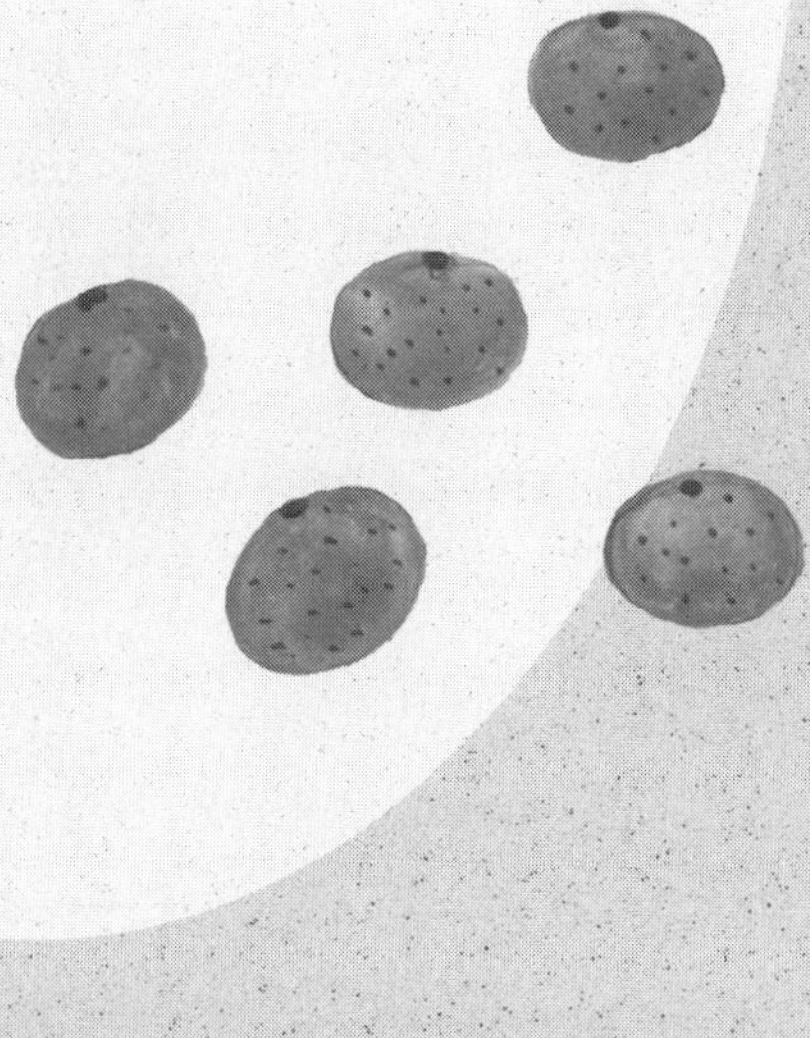

15 カントリーロード
——ふるさとのぬくもりあふれる島根県布施二集落——

伊庭治彦

集落や地域農業に必要な「人の力」をいかにして都会から呼びこめばよいのでしょうか。島根県の布施二集落は集落営農を実践して経営効率を向上する一方で、さまざまな住民交流の機会を企画し、転出者の帰省や来訪者を次々と呼び込んでいます。人と人とのつながりを大切に育てあげ、集落での農業の維持と地域活性化を実現しているそのとりくみからは、故郷への愛と熱意が伝わってきます。

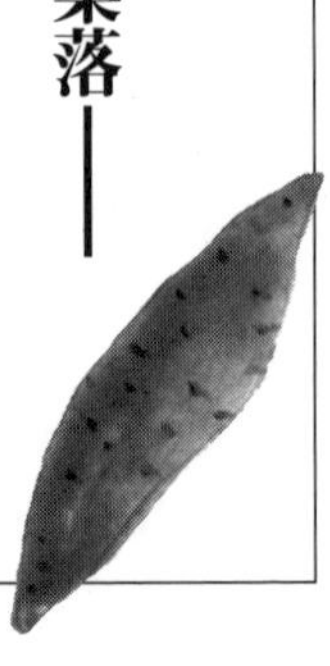

1 はじめに

五月雨が心地よい水田の傍らに建つ農舎に集落住民が集い、その笑い声が秋の豊作を約束するかのように辺りの景色にとけ込んでいました。田植え作業の慰労会と住民の懇親会を兼ねた「布施二」集落の「春を惜しむ会」は、今年で一七回目となります。いくつも並べられたテーブルの上に用意された地元の農産物を使った料理からは、豊穣な田舎暮らしが伝わってきます。「盛況ですね。」誰ともなしに問いかけると、「参加者が年々増えているんだ。」と嬉しそうな声がいくつもかえってきました。

島根県邑智郡布施地区にある三つの集落（布施一、布施二、八色石）の中の一つ布施二集落は、中山間地域に位置し少子高齢化と過疎化が同時進行しています。世帯数、人口とも減少が続き、現在の世帯数は二〇戸、人口は四八人です（表1）。集落の縮小は、各世帯の子弟が進学や就職を機に都市部へ転出していることを主な要因とします。次男・三男だけでなく長男も就職機会を求めて都市地域へ転出する世帯が珍しくなったことにより、高齢者だけの世帯も増加してきました。このため、地域の農業の衰退や農地の荒廃、さらには地域社会の活力の低下が懸念されるようになりました。

表1　集落人口の年齢別構成（平成23年）

年齢	人数	割合（%）
～39	10	21
40～49	5	10
50～59	4	8
60～69	8	17
70～	21	44
合　計	48	100

このような状況において、布施二集落では集落内の全ての農家が参加する農事組合法人「ファーム布施」を設立し、集落が一つの組織として農業経営をおこなうとりくみを始めました。

ファーム布施のようなとりくみは集落営農と呼ばれており、集落内の農地・農業経営を組織に集約することにより、それ以前に比べて格段に効率的な農業経営をおこなうことが可能になります。（ただし、中山間地域のように農地が狭かったり農地間の移動に時間がかかる場合は効率化にも限界があります。）ファーム布施においても、大型機械の導入などにより農作業の省力化と費用の削減を図った結果、農家の負担は大きく軽減しました。さらに、布施二集落ではファーム布施の運営を核としつつ住民間の交流の機会を数多く設け、集落社会の活性化を図っています。

特筆すべきは、集落住民だけでなく他地域に居住している同集落からの転出者も、ファーム布施がおこなう農作業や地域の住民交流行事に呼び込んでいることです。実際に、これらに参加することを目的に帰省する転出者の数が年々増えています。また、転出先の都市部において会社勤務を定年退職した後に、定住目的で帰村する元転出者（帰村定住者）の数も近隣の他集落に比べて多くなっています。週末に帰省し農作業や住民交流行事に参加する転出者、また、帰村定住者の増加は、地域農業の維持や地域社会の活性化に大きく貢献するものです。次節以降、布施二集落のとりくみを詳しくみていくこととします。

2 「ファーム布施」による地域農業の維持

平成一五年に集落内の全農家が加入して「農事組合法人ファーム布施」（森田仁政組合長）が設立されました。「農業が廃れれば集落も廃れる。地域社会を守るためには農業を維持することが大切」との危機感から、若手三名が中心となり集落住民が努力した末に実現した集落営農です。全農地の所有者とファーム布施との間で農地の利用権を設定することにより、集落一農場方式による農業経営をおこなっています。農作業の実施に当たっては、機械作業はオペレータに登録している二〇歳代〜五〇歳代の八名（専従者は一名、兼業七名）が担い、施肥や水利、畦畔の草刈などの管理作業は一般組合員が作業計画に従っておこなっています。

農作業への参加に対しては時給が支払われ、組合員以外の作業参加も可能です。現在の経営面積は一四・二ヘクタールであり、その内一二・八ヘクタールで水稲を栽培し、残る水田には転作作物としてタデなどを栽培しています。農地整備は完了しているものの、平均面積は小さく（一一・七アール）一二〇筆もあります。水稲は、品質の高い品種を生産することにより、販売単価の維持に努めています。とくに、ハーブ米（レッドクローバーの有機肥料と減農薬による栽培）は広島市内の生協との契約栽培です。現在の販売額は、米価下落などの影響から一千万円を下回っていますが、これに補助金収入を加えることにより、支払賃金を含めて年間一戸当たり約三〇万円の収入を確保しています。補助金としては、戸別所得補償制度に加えて、法人として参加している中山間地域等直接支払制度や農地・水・環境保全対策向上対策からの交付金を受領しています。

ファーム布施は、地域農業の維持と地域社会の活性化を目的として集落住民が組織した集落営農ですが、集落内に農地を有している転出者にとっても大きな意味を有しています。すなわち、農地を所有する転出者にとって、各人がそれぞれに農地を維持・管理するためには多大な費用や労力が必要となり、その持続性は極めて危ういものでした。しかし、ファーム布施の設立により農作業に掛ける費用や労力といった負担が軽減された結果、週末の帰省によっても農地の維持が容易になりました。このため、組合員は二〇戸ですが、内七戸が集落外に居住する転出子弟が農作業を担うことによる参加です。また、「わが家の農作業」ではなく「わが集落の農作業」に参加することは、集落住民や他の転出者との交流の機会になることを意味します。つまり、そのこと自体が楽しみにもなり得るのです。これらのことは耕作放棄地の発生を防ぐことにもつながっています。

3 住民交流の促進による地域社会の活性化

布施二集落では多様な住民交流の機会が設けられています。田植え作業を終えての懇親会である「春を惜しむ会」、年二回の「バーベキュー大会」、また三つの集落で構成する布施地区としてとりくむ「かかし祭り」(幹線道路沿いの農地における案山子作品展)や「日曜喫茶」(奥さん達が地元の農産物を使って年四回開催する会食行事)などの行事が催されています。そして、これらの住民交流行事についても転出者に対して参加が呼びかけられています。たとえば、春の田植え作業を終えての懇親会である「春を惜しむ会」は集落住民が一同に会して開かれますが、転出者などの帰省による参加は年々増えています。平成二二年の同会への参加者は、集落住民の参加四二名に対して、集落住民以外の参加は二〇名にのぼります。平成二三年はやや減ったものの、集落住民三九名に対して集落住民以外の参加は一八名です(表2)。集落住民や他の転出者との交流は、転出者の帰省を呼び込む源といえます。たとえば、広島に転出しているCさんは、ファーム布施が設立される以前は一人で帰省し、おもに屋敷

表2　春を惜しむ会の参加者数

	2010年	2011年
集落住民	42	39
転出者など	20	18
合　計	62	57

表3　「春を惜しむ会」への集落住民以外の参加者のプロフィール

参加者	村との関係
Aさん夫婦	集落住民の長男、広島在住
Bさん	集落住民の長男、広島在住
Cさん	集落住民の長男、広島在住
Dさん夫婦	集落住民の長男、広島在住
Eさん	集落住民の次男、広島在住
Fさん	集落住民の次男、広島在住
Gさん夫婦	集落住民の長男、宮崎在住
Hさん夫婦	集落住民の次男、広島在住
Iさん親子	集落住民の長女、広島在住
Jさん	集落住民の次女婿、広島在住
Kさん	H夫婦の友人
Lさん夫婦	H夫婦の友人

周りの草刈りをおこなっていました。しかし、ファーム布施に加入し農作業に参加するようになると、農業や出身地域への関わり方が深まりました。負担としての農作業が余暇の楽しみに変わり帰省回数が大きく増えました。

さらに興味深いのは、農作業や住民交流行事に、帰省する転出者の知人や友人、親戚縁者がリピーターとして参加し、田舎暮らしを楽しんでいることです（表3）。たとえば、転出者の職場の同僚であるKさんは、布施集落の出身者ではありませんが、今ではファーム布施の農作業にも参加していいます。また、Cさんの場合も、子息や従兄弟を誘って帰省することが多々あります。このような人々の集落への帰省・来訪が地域社会を活性化し、さらなる転出者の帰省を引き寄せているのです。

4 布施二集落のとりくみの特徴

布施二集落は広島市内から高速道路を使って約一時間四〇分の距離にあることから、これまでも週末の帰省が無いわけではありませんでした。しかし、転出者が出身集落に残した農地において農業経営を続けるには多大な費用や労力が必要でした。このため、帰省にあたっても両親が居る自宅の管理などをおこなうにとどまる傾向がありました。しかし、ファーム布施の設立により自家の農地を維持することが容易になると、広島などの近隣地域への転出者がファーム布施に加入し、その農作業計画や住民交流行事に合わせて帰省するようになりました。また、大阪や九州といった遠方の転出者もそれに合わせて帰省するようになりました。ファーム布施が、転出者が同じ時期に帰省することの受け皿になったといえます。

このように転出者を引き寄せる布施二集落のとりくみには、大きくは三つの特徴があります。第一は、地域農業の維持と地域社会の活性化を図るとりくみを、集落営農の活動を核として一体的におこない、転出者に対して農作業と住民交流行事の両方への参加を呼びかけていることです。

写真　年4回開催される日曜喫茶の風景

集落営農へのとりくみは農作業の負担を軽減するばかりでなく、集落住民や転出者に交流の場を提供するものです。このことにより、農作業への参加と住民交流行事への参加が相互につながり、地域社会の活性化が図られています。

第二は、転出者への呼びかけの方法です。ファーム布施の役員（総務部長）が転出者に対して農作業の計画や住民交流行事の予定を電話連絡し、直接に言葉で参加を要請しています。このような電話連絡は、転出者にとって帰省する「きっかけ」を与え後押しするものであり、帰省者の確保、増加に有効に働いています。

第三は、転出者だけが帰省し諸活動に参加するのではなく、その知人、友人、親戚縁者が一緒に集落を訪れ田舎暮らしを楽しむことができることです。たとえば、集落出身者でなくても農作業の担い手として集落営農に参加しています。このような来訪を可能としている要因は、集落全体で受け入れの雰囲気づくりがおこなわれていることに他なりません。集落が一体となって農業経営をおこなっていることの成果とも言えます。そして、これらの多様な人たちが布施二集落を訪れることが、集落に元気を与えることにもなっています。

5 「集落民」の確保にむけて

「集落民」という概念を、集落の住民に加えて農作業や集落の行事に参加するために帰省する転出者を含むものとしましょう。布施二集落のとりくみは、地域農業の維持や地域社会の活性化に向けてより多くの集落民を確保することに他なりませんし、転出者の将来的な帰村定住を促すことにもつながります。このような集落民の確保と帰村定住の促進における留意点として、次の四点を指摘することができます。

第一は、転出者に限らないことですが、幼少の頃から地域に対する愛着心や帰属意識を醸成することです。幼少期から青年期にかけての地域社会や地域農業に対する関わり方が重要となり、家庭のみならず地域としてのとりくみが必要となります。たとえば、農業に関する話題に接したり、地域の行事に参加したりする機会を増やすことが望まれます。併せて、単に転出を批判したり、逆に転出を勧めたりするような言動はつつしむべきでしょう。

第二は、転出者が転出期間中も生まれ育った地域に対して愛着心を持ち続けられるような地域との関係づくりです。そのためには、集落住民からの情報発信が重要です。とくに、帰省の呼びかけは同級生などの同世代のネットワークを形成し活用することが効果的です。

第三は、転出者が帰省によって楽しみを得ることができる受け入れ側の環境づくりが必要です。何らかの役割を期待して帰省を促しても効果が無いばかりでなく、帰省を遠ざけることになりかねません。帰省することの負担を上回る楽しみがあって初めて帰省が定着するのであり、そのための受け入れ側の雰囲気づくりが重要になります。集落住民や他の転出者との交流の機会が重要であり、そのことによって農作業もまた楽しみの一つになり得るのです。

同じく、第四は、転出者が都市地での勤務を定年退職などした後に帰村定住する際の受け入れる体制の整備です。転出者が長年暮らした転出先に留まることをやめて帰村定住するためには、そのことの意義を転出者自身が見出すことが必要です。「帰村定住して良かった」と思えるような環境作り・雰囲気作りが、転出者の帰村定住を促す上で不可欠です。とくに、活動の場を求めて帰村定住する場合に、そのことへの対応の如何が定住の定着につながります。この点で、集落営農は活動の機会を提供する「場」としての機能が求められるのであり、帰村定住者の自己実現を支援することが求められます。たとえば、農業の六次産業化による地域農業の多角的な展開は、そのための手段としても評価することができます。

16 農家も非農家もみんなで地域活性化をめざす

―和歌山県・田辺市上秋津地区―

岸上光克

和歌山県田辺市秋津地区では、農家と地域住民が力をあわせて六次産業化などの多彩なとりくみをおこない、町ぐるみで「地域づくり」そして「地域経営」を進めています。地に足をつけた経営をおこないながら地域内外での積極的な交流・連携を通じてどんどん地元を活性化させているその姿には、農村復活への大いなるヒントが隠されていそうです。

1 上秋津地区の概要

上秋津地区のある和歌山県田辺市は平成一七年五月に五市町村（田辺市、中辺路町、大塔村、龍神村、本宮町）が合併し誕生しました。総面積は県の約二〇パーセントを占めています。人口は約八万人で県下第二の都市であるが、中山間地域を多く有し、少子高齢化も進んでいます。同地区は田辺市西部に位置する人口約三〇〇〇人の農村地域で、温暖な気候を生かし、ミカン・ウメなどを生産する果樹産地となっています。田辺市周辺は日照時間が長いことから、柑橘をみると、温州ミカン・伊予柑・清見オレンジなど約八〇種類が生産されており、ほぼ一年を通じて出荷が可能となっています。また、典型的な農業経営の形態はミカン専作とミカン・ウメの複合作となっています。

現在では、「地域づくり」と「地域経営」をキーワードとして、農産物直売所、農家レストラン、宿泊施設などの事業を展開し、農村多角化のとりくみにより、自立した「地域」を目指しています。

2　住民による地域づくりを目指して

（1）地域づくり組織の結成——「秋津野塾」の設立——

まずは、「地域づくり」のとりくみ経緯を紹介します。昭和五〇年代半ば以降、旧田辺市の人口が微増減を繰りかえすなかで、上秋津地域の人口は増加傾向にあり、混住化とともに都市化が進展しました。また、農地の宅地化が進むとともに、新・旧住民間でトラブルも起こりだしました。

このような状況のもと、(農家も非農家も含めた)旧住民は、新旧住民が地域のあり方を議論する場として平成六年に「秋津野塾」を設立しました。秋津野塾は「都会にはない香り高い農村文化社会」を実現し、「活力とうるおいのある郷土」をつくろうという理念と目標を掲げ、町内会、老人会、小中学校PTA、商工会など二四の地域にあるすべての団体に加盟してもらい、「秋津野塾の決定は地域の全住民の合意」であるという地域の共通認識を持たせました。

秋津野塾が設立される以前から、あらたな行事や事業へとりくむ際は組織をつくって農家と非農家が話し合い、その方向性を決定してきましたが、新住民の増加にともないさまざまな価値観が地域内に存在することとなり、地域における問題は多様化、複雑化しました。農を基本とした地域づくりを進めていくために、旧住民は非農家を中心とする新住民の合意を得るため新旧住民の話しあう組織が必要と考えたのです。つまり、活発な地域づくり活動を展開するためには、「地域の全住民の幅広い合意」が必要であり、「旧村意識」といういわゆる「農村体質」を乗りこえて、新旧住民が一体となって、地域づくりをおこなうことを目指しました。農家と非農家、さらに新旧住民が議論する場があること(また、十分に議論すること)は、その後の地域のあり方を大きく左右しました。

そして、秋津野塾は農を基本とした地域づくりが高く評価され、平成八年度に近畿地方で初めて「第三十五回農林水産省表彰・むらづくり部門」の天皇杯を受賞しました。上秋津地区は「天皇賞受賞がゴールではない」を合い言葉としてその後も地域活性化にむけたさまざまな事業を展開します。

(2) 地域の計画を自分たちで――上秋津マスタープランの策定――

上秋津地区では、天皇杯の受賞後も、世帯・人口の増加と地域住民構成の変化、土地利用の変化と良好な環境の保全・形成、基幹産業の農業における諸問題の深刻化、地域資源の活用と環境・景観のブラッシュアップなどのさまざまな変化や諸問題がもちあがりました。秋津野塾と住民代表者などからなる上秋津マスタープラン策定委員会は、地域を取りまく環境変化に対応すべく、和歌山大学に呼びかけ、一〇年間の基本方向をまとめた「上秋津マスタープラン」(平成一四年)を策定しました。マスタープランでは「地域づくりとは、行政依存から脱却し、地域のことは住民自ら考え、決めていくことであり、住民の主体的なとりくみに行政、大学、企業、NPOなどが参加し連携していくことが重要である」ことを強調しています。

このプランの中で、「地域づくり」と「地域経営」の両立や「都市農村交流」の重要性などが掲げられており、現在の同地区の農村多角化の「道しるべ」となっています。

3 「地域づくり」から「地域経営」へ

(1) 地域経営への第一歩――農産物直売所の開設――

「地域づくり」とともに重要である「地域経営」のとりくみ経緯を紹介します。「体験」をキーワードとした「南紀熊野体験博」が平成一一年に開かれそれをきっかけとして、地域住民から農産物直売所の開設を望む声があがったことから、三一人(一人あたり一〇万円の出資金)の地元出資者が農産物直売所「きてら」を同年開設しました。「きてら」は、「地域づくりは、経済面も伴わなければ長続きしない」、「身の丈にあったとりくみをする」とし、各種補助金を活用せず自己資金のみで設置しました。また、「きてら」は地域住民による自主的な地域活性化のための拠点施設であり、出資者は農家だけでなく、商業関係者、サラリーマンなどの地域住民であることも特徴的です。

開設当初、売上高は約一〇〇〇万円で、その後伸び悩んだ時期もありましたが、地域農産物を詰め合わせた「きてらセット」の販売などさまざまな創意工夫をこらした結果、平成二〇年現在、出荷者は約二三〇人、売上高は約一億円にもなっています。商品は青果物、花きなど約二百種類におよび、その中心は年間をつうじて生産される柑橘類となっており、売上高の約七〇パーセントを占めています。出荷者に対する手数料は一五パーセント、入会金は徴収せず、年会費が年間販売高に応じて六段階設定されており、年間の来客数（レジ通過者）は約六万人となっています。

農家・非農家による農村多角化のスタートとしてとりくまれた農産物直売所「きてら」の開設によって、農協や卸売市場出荷への対応が不向きであった小規模農家や兼業農家の出荷先確保が実現するとともに、出荷が「生きがい」となっている高齢者も多く存在しています。

（2）地域経営の安定にむけて――農産加工事業や地域応援団づくり――

平成一五年には「きてら」の経営を安定化させるとともに、都市農村交流を進めることを目的とした「きてら」応援団「一家倶楽部《いっけくらぶ》」が結成されました。会員数は地域外の二三人（入会金一〇万円）であり、会員へは地域農産物を詰め合わせにした「きてらセット」や情報誌を送付するとともに、地域での交流会も開催しています。農業や農村の重要性を理解してもらうためには、上秋津地域内（農家と非農家、新旧住民）だけでなく、地域外との交流も必要になると考えたのです。これが同地区の都市農村交流のスタートとなったのです。

これまで農協経由でジュース工場に納入していたミカンの格外品を無添加、無調整の果汁ジュースとして商品化する計画が持ち上がり、地元出資の第二弾として農家・非農家三一人の出資者（一人あたり五〇万円の出資金）が平成一六年に「俺ん家ジュース倶楽部」を結成しました。ジュースは店舗販売とともに宅配もおこなわれており、順調に売り上げをのばし、現在では、直売所売上高の約二〇パーセント（約一五〇〇万円）を占めています。「俺ん家ジュース倶楽部」では、農家からの買入価格が農協にくらべて大変高いこと（農協出荷の約五～一〇倍）から農家所得の向上につながっています。

消費者への直接販売の場としての「きてら」の開設、規格外品の有効利用を目的とした「俺ん家ジュース倶楽部」の結成などのとりくみから、農家に「行動」すれば「成果」は必ずついてくるという自信が芽ばえ、現在では出荷・販売をふくめて地域活性化の方向性について自主的に考える農家が多くなりました。それは、みずから出資し身の丈にあった事業をおこなったことが最大の成功要因といえます。これらのとりくみによって、兼業・高齢農家の出荷先の確保（所得向上）、地域の女性に対するあらたな就労機会の創出など、地域全体への経済波及効果も出ています。

（3）都市農村交流へのチャレンジ――廃校舎の利活用――

「きてら」による直売活動、「俺ん家ジュース倶楽部」による地域特産品の加工、そして、マスタープランによる地域づくりの方向性の決定とさまざまな要素がかたちになり地域づくりの組織や拠点がととのいました。こうした中で、上秋津地区の住民は、取りこわされる予定であった旧上秋津小学校の利活用を検討することとなり、平成一四年には現校舎利用活用検討委員会が立ちあげました。同委員会は一年間をかけて話しあい、「この校舎は、地域の財産だ、こわすべきでは

写真　秋津野ガルテンに利用している旧上秋津小学校

ない」との考えを、その利活用の方法をふくめ、田辺市へ提言しました。

検討の中で「教育・体験・交流・宿泊・地域」がキーワードであるという結論にいたり、地域資源を活かし、「地域づくり」と「経済活動」の両立を目指す事業をおこすこととなりました。地域を支えてきた農業が大きな転機をむかえており、農業への不安がひろがりつつあるなかで、「きてら」、「俺ん家ジュース倶楽部」の事業を段階的に進めてきた上秋津地区はあらたに地域内外からの出資を募り、平成一九年、農とグリーン・ツーリズムを活かした地域づくりを目的とした「農業法人株式会社秋津野」(資本金四一八〇万円、株主数四八九人)を設立しました。平成二〇年には、農家レストランや宿泊事業などといった都市農村交流事業を目指すため、旧上秋津小学校を利活用した「秋津野ガルテン」を設立しました。

現在では、地域内外の人々の出資によって設立された地域づくり会社が地域活性化を目指して各種事業をおこなっており、農家レストランでは連日予想以上の人でにぎわっています。

(4)多様な都市農村交流事業のとりくみ――「農業法人株式会社秋津野」――

「農業法人株式会社秋津野」のとりくみは、農家レストラン「みかん畑」、宿泊施設、市民農園、みかんの樹のオーナー制度、農作業体験・加工体験、地域づくりの視察・研修と多岐にわたります。各事業の概要は以下のとおりとなっています。

農家レストラン「みかん畑」は地域の女性(約三〇人)によって運営されており、客席数は二〇席となっています。昼食時のバイキング(料金九〇〇円)は、「スローフード」、「郷土料理」、「地産地消」をキーワードとしたメニューで一日あたり一〇〇人という来客で連日にぎわいをみせています。市民農園については、耕作放棄地であった農地を活用し、六四区画(一区画あたり約三〇㎡で利用料金三万円)が用意されています。現在、三〇区画が利用されており、残りの区画では営農組織(県のふるさと雇用を利用した新規就農希望者)が農家レストランへの納品を目的とした野菜づくりをおこなっています。農家レストランでは地域女性のあらたな雇用がうまれているとともに、農家レストランへの食材提供のため、野菜などの生産が少しずつではあるが増加し、耕作放棄地の

上秋津地区内の組織連携

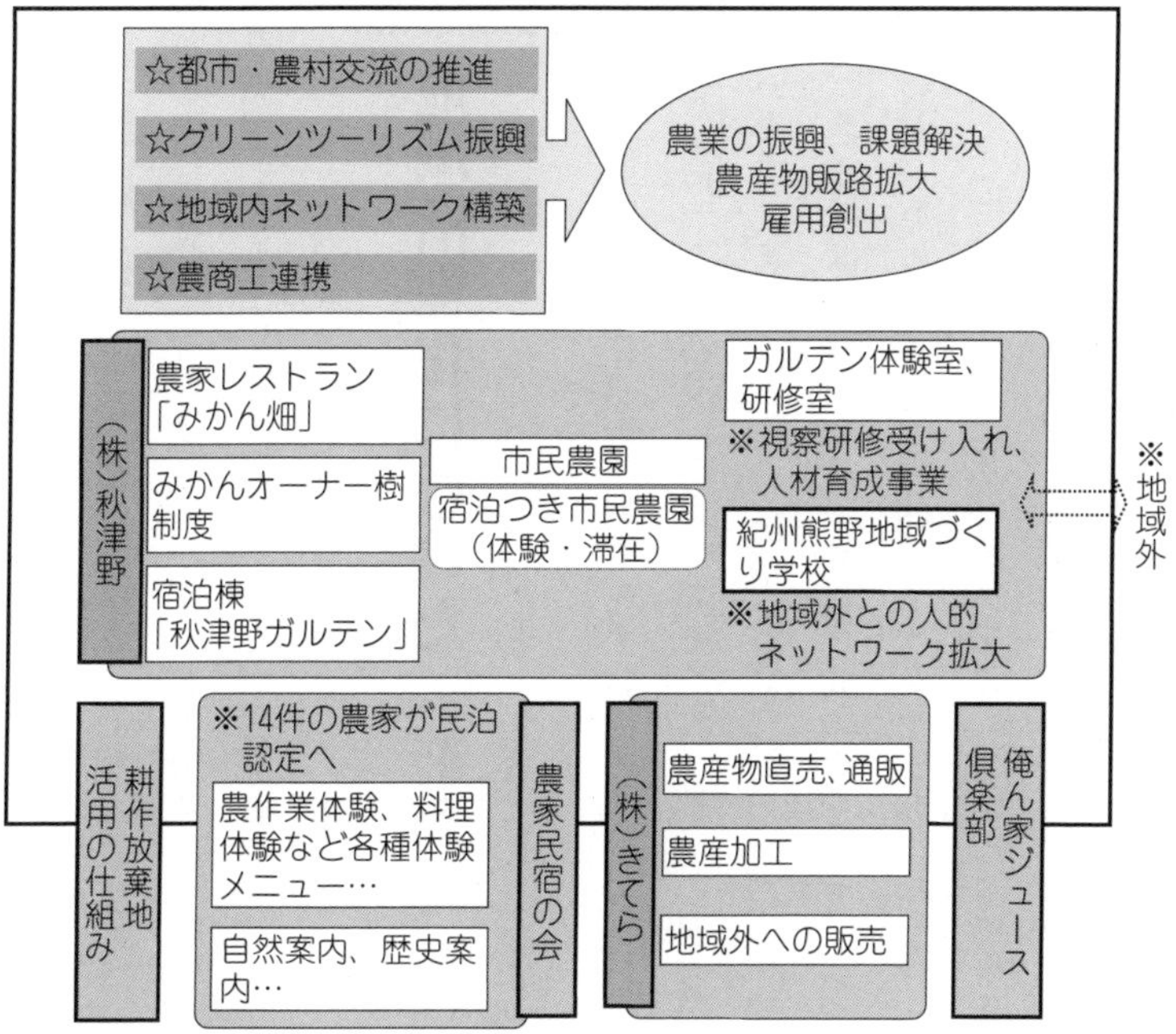

図　上秋津地区内の組織連系

解消や高齢者の営農意欲の向上にもつながっています。

みかんの樹のオーナー制度については、毎年募集、料金は三万円で、現在では関東地方を中心に約三〇〇人のオーナーがいます。農作業体験・加工体験については、料金はメニューによってさまざまであり、「ミカン狩り」、「ウメ採り」、「ミカンジュースづくり」、「ミカンジャムづくり」などの農作業体験・加工体験があります。これまでも「きてら」では、「一家倶楽部」の結成や農業体験などにより、消費者と生産者が交流する場を提供してきました。消費者が生産現場をみて農業を体験することで地域の農産物に対して一層の愛着と安心感がうまれるほか、地域の魅力の理解促進にもつながっています。これまでのとりくみが「秋津野ガルテン」開設によって一層進められ、消費者を地域へのリピーターとして確保することが可能となっています。

4 地域活性化にむけた「終わらない地域づくり」

平成二二年における「秋津野ガルテン」の年間の交流人口は約六万人となっており、「きてら」とあわせて約一二万人もの人々がおとづれ、地域のにぎわいとともに地域経済の活性化にもつながっています。また、スイーツ体験工房「バレンシア畑」の開設、「秋津野農家民泊の会（十四戸）」の結成、さらには地域づくりの人材育成の場として「紀州熊野地域づくり学校」（田辺市委託事業）の開校など、あらたな事業展開にチャレンジしています。

以上のように、田辺市上秋津地区では「地域づくり」と「地域経済」の両立による地域活性化が進められており、地域内外の組織連携のもと、自分たちで考え、自分たちで出資し身の丈の事業を展開することで「終わらない地域づくり」にとりくんでいます。

17

阪神・淡路大震災後も続く深い絆の都市農家と青田買い業者――ネギ栽培における――

古塚秀夫

阪神・淡路大震災によって、西宮農業は兵庫県下でもっとも多くの犠牲者を出し、農業に対する農家の経営意欲がいっとき減退しました。今も大震災の後遺症が心にありますが、農家は立ち直りました。そして、ネギ屋さんとの絆による「青田売り」によって、ネギ生産で県下第一位の座を維持しています。「青田売り」とは農家が産地仲買人（ネギ屋さん）に畑にある収穫前のネギを販売する方法です。

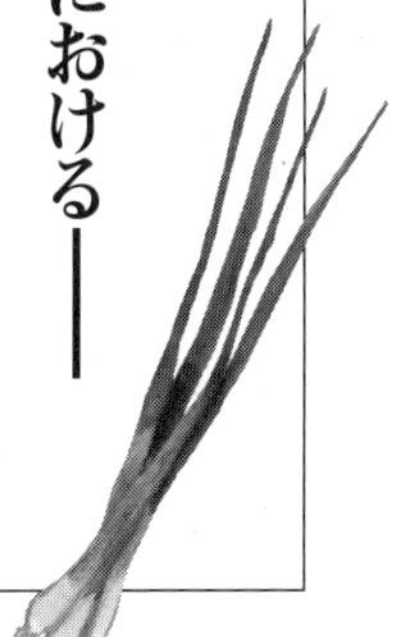

1　西宮農業

（1）阪神・淡路大震災

平成七年一月一七日に阪神・淡路大震災が発生しています。この大震災でＪＡ組合員からもっとも多くの犠牲者を出したのが西宮農業です。JA組合員の犠牲者は二〇一名（平成七年七月一日現在）ですが、このうち一一二名が西宮で農業を営んでいました。また、西宮農業では、このほかの被害として、家屋の「全壊・全焼」（九四五戸）があります。この被害はJA組合員における被害の約二三パーセントに相当します。さらに、農家が所有する借家・貸アパートにも大きな被害が出ています。このように西宮農業は農業関係ではもっとも被害が大きかった一つといえるでしょう。

そこで、もう少し阪神・淡路大震災によって西宮農業が受けた被害状況をみましょう。旧JAにしのみや営農研究会の五二名（会員六五名）に平成七年一二月から平成八年二月まで実施した調査に基づくと、次のような被害状況であったことがわかります。第一に、農作物についてですが、収穫または種まきができなかった農地面積は延べ一六・〇ヘクタールとなります。収穫または種まきができなかった作物はホウレンソウ、シュンギク、シロナ、ネギなどがあります。農作物の被害額は約一億円となります。第二に、今後の農業へのとりくみについてです。「規模縮小して続ける」農家が一六名（三一パーセント）います。その理由として「家族の死亡により相続が発生して、このために農地を手放した」「家屋、家族を失い経営意欲が減退した」が各七名（四三パーセント）ともっとも多く、ついで「倒壊した住宅の再建のために農地を売却して、その資金とした」が四名（二五パーセント）です（複数回答可）。震災によって家族を亡くしたり、長年住み慣れた家屋が倒壊したことが経営意欲を減退させていることがわかります。第三に、農家の健康状態と精神状態ですが、一五名(二九パーセント)の農家が体の不調を訴えています。その症状としては、「疲労感」「高血圧」「肩こり」があります。家族の精神状態ですが、回答が多い順に「勉強、仕事に集中できない」一三名(二五パーセント)、「怒りっぽい」「地震のことを思い出すと体がこわばり緊張する」各一〇名(一九パーセント)です(複数回答可)。調査実施日は震災から約一年が経過していますがそれでも後遺症が残っています。

農水省や兵庫県の統計資料をみると、平成七年における農家戸数と農家人口の減少が大きいことがわかります。また、農地の減少をみても前年対比では、平成七年から平成九年まで毎年一〇ヘクタール以上の農地が減少しています。これは平成一〇年以降の減少が毎年数ヘクタールであるのに対して大きな減少です。

以上のことをとりまとめると、阪神・淡路大震災による西宮農業の被害は次の三つになります。つまり、多くの犠牲者を出したことによって、①経営意欲が減退したことです。②億円単位の相続税を納税するために宅地化農地の売却がいっときに起こっていることです。③宅地化農地の売却によって、離農(農家戸数の減少)、経営規模の縮小(兼業化)および都市化が急速に進行していることです。

（2）現在

西宮は六甲山系東端に位置して、六甲山北側から瀬戸内までの地域です。このうち北部地域では、米中心の農業が展開され、南部地域では大消費地（神戸・大阪・京都）に近いので軟弱野菜（ネギ、ホウレンソウ、シュンギクなど）が生産されています。この軟弱野菜は播種後四〇日から六〇日で収穫可能です。したがって、同じ農地で少なくとも年間五回から六回、軟弱野菜を生産しています。このことから土地生産性は高く、農業で高所得を実現しています。ただし、ネギの生産期間は一〇〇日です。農地は住宅地が広がるなかで、虫食いともいえる状態にあります。平成二三年一月一日現在、市街化農地面積（一三二・一ヘクタール）が農地面積（一八五・四ヘクタール）に占める割合は約七一パーセントです。これらのことから西宮農業は典型的な都市農業ということができます。

さらに、西宮農業について述べると、次のようになります。①ネギの生産量は兵庫県下で第一位です。②上述した理由によって都市化が急速に進行して、農業の周辺環境が悪化しています。③『西宮市農業振興計画基礎資料策定調査報告書』（西宮市、平成一七年、アンケート回収一八五戸）に基づくと、世帯収入に占める農業収入は約一一パーセント、農家一戸あたり農地面積は約三〇アールとなります。④同調査に基づくと、「今後も営農を全体または一部で続ける」農家が約七八パーセントいます。これは大変高い数値です。⑤農水省や兵庫県の統計資料に基づくと、「一五〇日以上の農業従事者数」は三六九名（四一パーセント）です。農外収入の割合が高いことを考えると、これは高い数値ではないでしょうか。

以上のことをとりまとめると、西宮農業の特徴は次の三つになります。①不動産収入が多く、農業は小規模であるが、農家の農業に対する経営意欲はあります。②ネギを中心とした軟弱野菜を高い生産技術によって栽培しています。③農作物の販売方法ですが、かつては農家ごとに個別出荷をしていましたが、安全性の問題が起こってからは、生産履歴日誌の記録と監査体制が確立されてJA共販が進んでいます。しかし、ネギ栽培では「青田売り」がほとんどです。

2 ネギ栽培の特徴

市町村別の資料は平成一五年までしかありませんが、この年において西宮におけるネギの作付面積は四七ヘクタール、収穫量は一五六〇トンです。兵庫県（作付面積三三五ヘクタール、収穫量七七四〇トン）に占める割合は、作付面積で約一四パーセント、収穫量で約二〇パーセントです。この両者の割合からもいえますが、高い生産技術によって土地生産性は高くなっています。西宮でも、高木地区、荒木地区、門戸地区などでネギ栽培が盛んです。これらの地区は、砂地であるためにネギ栽培に適しているとともに、地下水が豊富なために夏場でも品質が良いネギを生産することができます。荒木地区のTさんの栽培方法をみると、経営面積は約九〇アールです。畑は分散していますが、その分散した畑を利用してネギを露地で栽培しています。一つの畑の一部（五アールまたは六アール）に、年一回ネギを作付けて、延べ年間一〇回ネギを栽培します。一〇アールあたり五〇万円から七〇万円で「青田売り」をします。したがって、ネギ栽培の年間収入は約三〇〇万円となります。ネギのほかに、一〇月から三月はホウレンソウを二回栽培、三月から九月はコマツナを三回栽培します。生産期間が短い軟弱野菜と、生産期間が長いネギをうまく組み合わせて、農業収益（収入）は約一〇〇〇万円です。Tさんが話すネギ栽培の特徴は次のとおりです。ネギ栽培は①ほかの農産物より儲かる。②年間を通じて栽培ができ、しかも収入が安定している。③卸売市場価格が安い時には、ネギ屋さんがネギを収穫しないので、時には次に作付けを予定している作物の作業に影響が出るというデメリットがあるが、ネギ屋さんがいる限り、今後もネギを栽培していく、ということです。また、震災当時の栽培方法を高木地区のFさんに聞いています。経営面積は約五〇アールです。このうちビニール・ハウス一五アールでは、一一月から一月にシュンギク、一月から三月にホウレンソウ、三月から五月にカブラを栽培します。このハウスは夏場にはネギを栽培します。露地三五アールでは、四季ごとの収穫をめざして、年間四回ネギを栽培します。また、冬場にはミズナを栽培します。ネギは一〇アールあたり四〇万円から六〇万円で「青田売り」をします。収益から費用を差し引いた農業所得は約五〇〇万円です。TさんとFさんの共通点は、①土地生産性が高いこと、ネギ栽培において②「青田売り」をしていることと、③連作障害を防止するために「一カ所に年一回のネギの作付」を守っていることです。

この十数年で生産技術は進歩しています。十数年前は、ネギの成長を早くするために播種後、苗が一定の大きさになると移植をしていました。しかし、移植をすると根もとが曲がって商品価値がおちるので、現在は移植をしない栽培方法を採用しています。このほかに、安全性の問題に関連して、「青田売り」のネギ栽培においても、ほとんどの農家が自主的に生産履歴日誌を記録しています。農業では高齢化・後継者難という状態にあり、このために全国的に農薬と化学肥料が省力化目的で必要以上に使用されています。西宮のネギ栽培農家は、生産履歴日誌を記録することによって、農薬と化学肥料の使用量を慣行レベル程度に抑えています。このことによって都市住民に安全な農作物を提供しています。

3 「青田売り」が続くわけ

(1)「青田売り」とは

「収穫・皮むき」作業以降、販売までをネギ屋さんに任せて、ネギ屋さんに青田の状態（収穫できる状態）で販売します。ネギ屋さんは買取り時に買取り代金を一括して農家に支払います。買取り以降でも防除は農家がおこないます。ネギ屋さんはほとんどの場合、卸売市場に出荷します。西宮のネギ栽培には現在、四業者から六業者のネギ屋さんが参入しています。農家のほとんどは「青田売り」によって一〇アールあたりおよそ五〇万円から七〇万円でネギ屋さんに販売していま す。このネギの「青田売り」の歴史は古く、戦前のことはわかりませんが、終戦直後にはすでに存在していたようで、農家二代が「青田売り」をしているケースを多く見受けます。したがって、西宮のネギ栽培は「青田売り」によって成り立っているといっても過言ではありません。

（2）農家が「青田売り」をするわけ

次のような理由をあげることができます。①「収穫・皮むき」作業と「出荷」作業に多くの労働を必要とすることです。『農業経営統計調査報告平成一九年品目別経営統計』（農水省、平成二一年）に基づいて、一〇アールあたり収穫・調製作業と出荷作業の合計時間をみると、ネギは四一四・五時間、ホウレンソウは一八一・一時間です。ネギの作業時間がかなり多くなっています。②農業において、ネギとほかの作物との間で労働が競合していること、つまり、雇用労働や家族労働が不足していることです。③農家にとって、まとまった資金を確保することができることです。

（3）農家とネギ屋さんの経済的メリット

一〇アールあたりネギ栽培の所得（儲け）などについて個人出荷と「青田売り」を比較すると、表のとおりです。個人出荷と比べると、「青田売り」の所得は約三一パーセントまで減少しますが、生産費用は保証されています。一時間あたり家族労働報酬は個人出荷を上回っています。また、表では収益における個人出荷と「青田売り」の差額から人件費などの経費を差し引くと、ネギ屋さんの所得（儲け）が求まります。表の数値のもとで、ネギ屋さん（労働は全て家族労働）が四人で一ヶ月働いたとしますと、一人あたり約二九万円の給与となります。まずまずの給与ではないでしょうか。つまり、「青田売り」によって、農家、ネギ屋さんとも儲けています。

（4）流通段階でのメリット

卸売市場、小売店のメリットはネギの品揃えと年間を通じて安定した量的確保が可能になることです。このことによって、消費者は、いつでも、自分が欲しいネギを買うことができます。つまり、①品揃えについてです。主産地では大型保冷施設などを保有しており、また、地域で規格が統一されているので、定規格で高品質のネギを出荷することが可能です。卸売市場、小売店では主産地のネギは高価格、高品質という位置づけとなります。しかし、消費者ニーズが多様化しており、価格は中程度で品質は並以上のもの、あるいは、低品質・低価格のものを欲する消費者がいます。

表　ネギ栽培における個人出荷と「青田売り」の比較（10アールあたり）

項目	個人出荷	青田売り	備考
	円	円	
①収益	1,850,000	700,000	個人出荷：3,000kg ×約617円 /kg、青田売り：調査に基づく
②経営費	410,733	247,400	
③家族労賃見積額	442,368	96,768	個人出荷：460.8時間×960円 / 時間、青田売り：100.8時間×960円 / 時間
④類地小作料	4,900	4,900	
⑤資本利子見積額（建物・機械）	17,025	17,025	10アール当たり資本装備：681千円 / 2 × 0.05
⑥労銀資本利子見積額	3,686	－	労銀資本利子：3,686円＝③× 1 / 2 ÷ 3作×0.05
⑦生産費用	878,712	366,093	⑦＝②＋③＋④＋⑤＋⑥
⑧所得	1,439,267	452,600	⑧＝①－②
⑨企業利潤	971,188	339,907	⑨＝①－⑦
⑩１時間あたり家族労働報酬	3,068	4,273	⑩＝①－(②＋④＋⑤＋⑥)/460.8時間または100.8時間

資料：『地域農業経営指導ハンドブック<第７輯>』兵庫県農林水産部（平成14年）に基づいて作成しました。

注：「個人出荷」の数値は上記資料に基づいて作成し、「青田売り」の数値は収益を除いて、「個人出荷」の数値に基づいて作成しました。

これらのニーズを満たすためには、卸売市場と小売店では主産地以外のネギを品揃えする必要があります。

尼崎公設地方卸売市場では、西宮から出荷される「青田売り」のネギを「価格は中程度で品質は並以上」と位置づけています。②安定した量的確保についてです。卸売市場へは年間を通じた安定出荷が必要です。西宮では年間を通じてネギを栽培しており、一年中、卸売市場にネギを安定的に供給しています。尼崎公設地方卸売市場のネギ取扱量に占めるネギ屋さん三業者の割合は二三・〇パーセント（平成二一年と平成二二年の二ヶ年平均）となっています。この二三・〇パーセントの大半は西宮からのものです。

4 おわりに——深い絆がつづく——

「青田売り」にはデメリットがありますが、ネギ栽培農家、ネギ屋さんにとって、メリットがデメリットを上回っているので、今日まで長年にわたって「青田売り」が継続しているといえます。表現を変えると、ネギの「青田売り」はネギ栽培農家、ネギ屋さん、消費者が「三方よし」の関係にあります。ネギ栽培農家のメリットとして、過重な作業の負担軽減があります。担い手が高齢化している現在において、この意義はますます大きくなっています。ネギ屋さんのメリットとして、周年でネギ栽培農家と取引することによって、卸売市場価格が高いときにいつでも出荷することができ、自分の力量によって高収入を期待できることがあります。消費者のメリットですが、収穫の翌日には店頭に並ぶので、新鮮で安全なものを買うことができることです。

参考文献

［1］泉谷眞実・坂爪浩史「農業市場構造の変貌と産地集荷商人の存立形態——北海道の長葱産地を事例として——」、『北海道大学農經論叢』、四八、一九九二。
［2］蔦谷栄一「日本農業における都市農業——都市農業を考える——」、『農林金融』、六、二〇〇五。

やっぱりおもろい！関西農業

PART 6 田舎と街をつなぐ力

18 都市型ファーマーズ・マーケットで マチもムラも元気になろう！

内平隆之

ファーマーズ・マーケット（以降ＦＭ）も商店街も魅力は同じです。その魅力とは、「顔が見える販売」です。本稿では、関西の商店街である神戸市灘区水道筋商店街で実施しているＦＭの活動を報告します。ここでは、関西のおばちゃんと関西の農家が、野菜や果物へのこだわりを語り合う光景がしばしば目撃されます。この濃い対話によって生まれる絆こそ、マチとムラを元気にする力の源だったのです。

1 「コテコテ」の商店街とＦＭはミスマッチ？

（1）ＦＭの会話や挨拶はスーパーマーケットの10倍

ファーマーズ・マーケットとは、地域の生産者自らが店先で販売する市場のことです。近年、全国各地でおこなわれています。都市の中心市街地においても例外ではありません。代々木公園などで実施されている「東京朝市アースデイマーケット」や、青山・国連大学前の「ファーマーズマーケット@ＵＮＵ」などは、非常にスタイリッシュに街をにぎわすイベントとなっています。また、地域の中心市街地でも、神戸市の元町商店街の「水曜市」や岩手県雫石商店街の「しずくいし軽トラック市」など、地域色豊かなＦＭが実施され注目を集めています。

世界においても、都市の中心市街地でのＦＭは活況です。日本では、にぎわい作りのためのイベントとしての側面が強調されていますが、欧米のＦＭには、都市計画的機能の発揮が期待されています。たとえば、スーパーマーケットなどと比較すると、十倍以上の会話や挨拶がＦＭではおこることに着目し、社会からの疎外感を解消するための場所として期待されています。さらに、貧困者や高齢者向けのＦＭ用の無料クーポン券が発行されるなど、地域に根ざした食料政策をおこなうための場所として期待されています。

なお、本稿では、このような都市の中心市街地におけるＦＭを都市型ＦＭと呼びます。

写真１　賑わうファーマーズマーケット

（2）関西のコテコテの商店街で、ＦＭをするとどうなるか

このような会話や挨拶などの日常的なコミュニティ機能は、ＦＭの特有の機能であった訳ではありません。かつての商店街や市場がそのような役割を担ってきました。しかし、このような商店街は、「シャッター商店街」と称されるように、経営が困難な状況にあります。スーパーマーケットの台頭とともに、会話や挨拶がおこる商店街を拠点とした、「顔の見える消費」は、どちらかというと「うっとおしい」ものとして消費者に敬遠されてきました。しかしながら、関西の商店街には今でも、会話や挨拶を楽しむ「コテコテ」の消費行動をする、元気なおばちゃん達がいるのです。

このような「顔のみえる消費の拠点である商店街」において、「顔の見える販売を売りとするＦＭ」を実施してみると、どのような化学反応を引き起こすのでしょうか。それは、結果的にまちやむらの元気につながったのでしょうか。この点について考えてみましょう。

2 商店街の「空き」を活かしたＦＭ

（1）商店街の閉店・休日店舗の前の空きを活かす

今回紹介する神戸市灘区水道筋商店街のＦＭは、平成一九年に「農村と都市商店街の共生モデル構築に関する実践的研究」としてスタートしました。このプロジェクトは、兵庫県北播磨県民局からＮＰＯ法人食と農の研究所への地域プロモーションをしたい、という相談から始まりました。その具体的内容は、「百貨店や駅前広場での地域物産市をおこなうというものでした。しかし、隣接する丹波地域に対して北はりま地域のブランド力は未開拓であり、一過性のイベントでは十分なプロモーションになりにくいことが課題としてあがり、欧米で実施しているＦＭを商店街で継続的に実施してみたら良いのではという結論になりました。これを受けて、実行組織としては、水道筋商店街と県民局、ＮＰＯの三者で実行委員会を組み、大学が支援する体制としました。実施の場所としては、閉店・休日店舗前の空きスペースを活用してＦＭを実施しています。平成一九年三月にはじめて開催し、当初は年度に一回のイベントでしたが、平成二三年現在は、六月～一一月までの月一回、合計で、年間六回実施するＦＭとなっています。

（２）ＦＭとアンテナショップの融合モデル

神戸市灘区水道筋商店街で施行されたプロジェクトの特長は、アンテナショップとＦＭの融合にあります。単にＦＭを、日曜日の休日店舗の前を借りて実施するだけではなく、商店街内の縁辺部でシャッター街になっている市場内に、ＮＰＯの事務所兼アンテナショップを同時に設置し

写真２　空き店舗を改修したアンテナショップ

ました。その理由は、ＦＭに出店する農家の農産物を日常的に販売できるようにするためです。ここでは、売れ残った野菜をカレーなどに加工しての販売や、日持ちのする農産物や加工品を引き取っての販売なども実施してきました。さらに、アンテナショップは、平成二一年までは、ＮＰＯ活動の食育の拠点としても機能してきました。つまり、日常的な食育の拠点と農家の販売拠点という２つの役割をアンテナショップが担い、ＦＭと融合して提供するモデルとなっている点に特長があります。

３　まちにひろがるＦＭ

（１）都市型ＦＭの商店街への効果

神戸市灘区水道筋商店街は、阪急王子公園駅の南東側にあり、中央筋（名称はエルナード水道筋）で四〇〇メートルあります。この中央筋を中心に、市場などが併設し、五〇〇の店舗が集まっている商店街ゾーンを形成しています。周辺部に賃貸マンションや分譲マンションが立地しており、平日の中央筋には六～八〇〇〇人の通行量があります。しかし、日曜日を休日にする店舗が多く、日曜日の客の出足や、通行量の減少に課題がありました。そのため、独自に「エルナードDAY」として日曜日にイベントをおこなってきましたが、個人経営者が多いため、日中のイベント運営が難しい状態でした。

FMを日曜日に開催することで、「午前の客足が回復した」「日曜日ににぎわいができてくれて助かる」「田舎巻き寿司はいつくるのかという問い合わせが多く、お客さんとの話題ができた」という声が商店街より寄せられています。事実、FMを開催している十時から四時までの六時間の通行量は、約五〇〇〇人から八〇〇〇人弱となっており、商店街ににぎわいを生み出しています。

(2) FMの定期開催と出張出店の要請

平成一九年に年一回の「まるごと北播磨展」というイベントとしてはじまったFMは、平成二三年度現在、「神戸水道筋まち×むら交流市」という年六回のイベントになりました。当初は年度一回程度のイベントを持続させようという計画でした。しかし、北播磨地域のある農家は、「この商店街は顔を覚えて貰えれば売れる。」と、毎月一度、露店を自主的に出すようになっていました。しかしながら、一店舗では、にぎわいに限界がありました。そこで、さらなるマチとムラの交流を深めるために、北播磨以外の農家にも募集をかけて、平成二一年度から、「神戸水道筋FM」に改称し、毎月第三日曜日に連続開催することになりました。

FMが地域に根付くと、地域社会のイベントに是非出店して欲しいという要請が寄せられるようになりました。地元のお祭りである「桜祭り」や、地域の小学校の「みのおか祭り」に出張しましたし、大阪や京都からも要請があり、県外にもキャラバンをおこないました。農産物を通じた顔の見える販売が、地域の催事のあらたな魅力として期待されています。

(3)休日・閉店店舗前のシャッター前を演出する竹ブースの開発

FMの露店にも大きな工夫があります。水道筋商店街の中央筋の場合、消防車が通過できる道幅を確保すると、休日・閉店店舗前のシャッター前で活用できるのは一四〇〜一八〇センチの幅しかありません。この狭いスペースの中で、雑踏に埋没しないように統一感や催事感を演出しなければなりません。そこで、対面販売用の竹ブースを神戸大学の建築系の学生有志と制作し活用しています。この竹ブースは、商店街の休日店舗前に設置でき、手間が少なく組みあがるコンパクトなデザインとなっています。この竹ブースを最大二〇店舗、常時五〜八店舗程度を、休日店舗前のスペースに並べて、ＦＭを実施しています。この竹ブースを利用して、神戸市灘区水道筋商店街が主催する「夜市」があらたに開催されています。商店街らしい対面販売の魅力を全面に出した、あらたなまちづくりが、マチに元気と魅力を与えています。

4　商店街が磨く農家の「絆力」

写真３　竹ブースによる販売の様子

(1) まちとむらが一緒に販売する交流市

ＦＭを定期開催し始めるとあらたな問題が浮かび上がってきました。それは、農家が出荷できる時期は作付けによって限定されていることです。さらに、その限られた期間の中ですら、田植えや秋祭りなど地域の繁忙期やイベントが日曜日に重なり、常時出店できない日もあります。そこで、労力を少なくするという観点から、平成二二年度には、隔月開催での開催を試みるなどスケジュールを工夫して実施してみました。しかし、消費者からは「隔月では次回開催がいつなのかわからない」などの指摘があり、生産者からは「顔を覚えてもらうには毎月一度のほうがよい」といった指摘を受けました。その結果、平成二三年度からは、とくに農産物が出しやすく、野外のイベントとしても時期の良い、六月〜一一月まで毎月開催するスケジュールに落ち着いています。この工夫に加えて、学生やNPOが代わりに農家の商品の販売を代行する自主編集ブースを設置し、小ロットの農家から出荷にも応じて出店のにぎわいをつくる工夫も試みられています。さらに、都市部で手作り商品などをつくっているお母さんの団体や、障害者の団体などにも要請し、「神戸水道筋まち×むら縁日」と名称を変えて、マーケットのにぎわいを維持する工夫も試みています。このような試行錯誤の結果、マチとムラが一緒に出店し交流するFMへと発展しています。

(2) ムラとマチの連携によるマルシェづくり

このようなマチとムラが一緒になって対面販売をおこなう交流マーケットづくりは、あらたな成功事例を生み出しています。それは、神戸市灘区六甲道南公園でおこなわれている「成徳ふれあいマルシェ」の試みです。都市部の成徳ふれあいのまちづくり協議会と、農村部の篠山市城南地区まちづくり協議会が連携協定を結び、年間を通じた交流活動と年数回の交流市を都市部の中心広場でおこなうマーケットです。このマーケットでは、出店も半分が農家、半分が都市部の公園の周辺店舗の露店となっています。設営も成徳ふれあいまちづくり協議会を中心に、NPO法人食と農の研究所が支援する形で実施しており、広報も同まちづくり協議会が周辺マンションに全戸配布し、さまざまな支援をおこなっています。その結果、農村側の一出店団体あたり、最高で一八万円の売上げを上げるブースが出るなど、高収益型の成功事例となっています。

まさにマチとムラが力を合わせ、連携を深めることが、さらなるマチとムラの元気につながることを示しています。

写真４　成徳ふれあいマルシェの様子

（3）時間をかけた接客が結ぶ農家と消費者の絆

しかし、水道筋商店街における一出店者あたりの平均売上は、三〜四万円程度です。商店街が苦戦しているように、売上げだけを考えると、よい売り場とは言えません。マーケット全体でも一日の総売上は二〇万円強でしかありません。

であるにも関わらず、なぜ、農家が立ち続け出店し続けたのでしょうか。毎回出店する農家に聞いてみると「もちろん六甲道はたくさん売れるのでよいのだけど売るのに忙しくて、水道筋ならお客さんとじっくり話ができるからそれが魅力」、「高いとか、こうやって売ってとか、色んな意見が貰えるので参考になる」、「北播磨行ったよとか、生家が北播磨なのよとか、声をかけてくれるのも嬉しい」などの意見が聞かれます。農家は、対話の喜びを商店街の顧客から得ているようです。

さらに、「とくにお米は、こだわりをしっかり説明して味を覚えて貰えれば、今後発注してくれるから、それが嬉しい」、「お歳暮に大量注文がきたりするのが嬉しい」「味とこだわりをしってもらったお客さんが、友達をつれてきてくれる。それが嬉しい」、「水道筋で売れると接客の自信がつく」など、未来の商売につながることも喜びとなっています。

商店街の顧客からも、「〇〇さんは来てないの？　楽しみにしていたのに」という問い合わせが多く、農家と消費者との絆が時間をかけた接客の中で生まれてくることが魅力となっています。

商品を売るのではなく、時間をかけた接客を通して、農家自身のこだわりを知ってもらう。そして、こだわりの語りから、農産物や加工品を大好きになってもらい買って頂く。そんな、スローな語りのマーケットから、農家と消費者の強い絆が生まれています。

5　マチもムラも元気になる絆をつくる2つの秘訣

最後に、これまでの神戸市灘区でのＦＭの経験から、マチとムラも元気にする絆をつくるための二つの秘訣を示します。

第一は、「農家は自分のこだわりを語って、大好きになってもらおう」です。農家は、良いものを作れば売れるとか、逆に、安くても大量に売れるところがほしいとか考えがちです。しかし、やはり商売の基本は、その人への信用です。それを得るためにも、自分のこだわりをしっかり語ることが大切です。語ることではじめて、農作物や自分自身を大好きになってもらうことができるのです。たとえば、ある農家は、「あえて値段が違う同じものを並べて売っています。そうすると必ずお客さんは何が違うのか聞いてきます。そのときに、おいしいものの見分け方や、自分のこだわりを知ってもらうチャンスがやってきます」と言っています。語り、顔を知って貰い、対話を通じて大好きになってもらうことが、消費者とのあらたな絆をつくることにつながります。

第二は、「商店街は農産物を買い取る協力店舗をふやそう」です。FMは、天候に左右されますし、売りきりを考えて商品をもってくるとやはり、持ち込む量が少なくなり、売り場に活気がなくなります。そこで、商店街周辺の飲食店など、持ち込んだこだわりの農産物を引き取って、加工して販売してくれる協力店舗があると、販売量の底上げになり、より活気あるFMの実施が可能になるでしょう。たとえば、水道筋商店街のある店舗は、懇意になった農家の野菜を引き取り販売しています。農家は、売れるようにその農産物のこだわりや食べ方のメモなども添えて買い取ってもらっているようです。イベント以外の時でも、マーケットに出しては値崩れしてしまう

写真５　引き取り野菜の店前販売の様子

ので出せない傷ついた農産物や、時期が外れた農産物などを、箱で定期的に送って、商店街の店舗に販売してもらうなど、日常的に支え合う関係も生まれています。この関係は、店主と農家の個人的な関係で始まった動きですが、商店街側が、地域のネットワークを活かし協力店舗を増やしていくことが、農家と商店街の強い絆となり、ＷＩＮ＆ＷＩＮ（お互い利益を得る）の関係が生まれるのです。

　ＦＭと商店街という、顔の見える消費の場という共通の特長を合わせることで、都市と農村の間にお互いを支え合う新しい強い絆が生まれ、マチもムラも元気になる。関西の商店街のＦＭから、そんな未来が見えきてきます。

謝辞

ＮＰＯ法人食と農の研究所の社会実験に参画し調査したものである。ＮＰＯ法人食と農の研究所、水道筋商店街、北播磨県民局、神戸市灘区役所、そしてなにより、ご協力いただいた農家のみなさまに深く感謝いたします。

19 商圏マーケティングデータを活用した小売プロモーション
——大阪・北摂エリアの地域ブランド化——

岸本喜樹朗

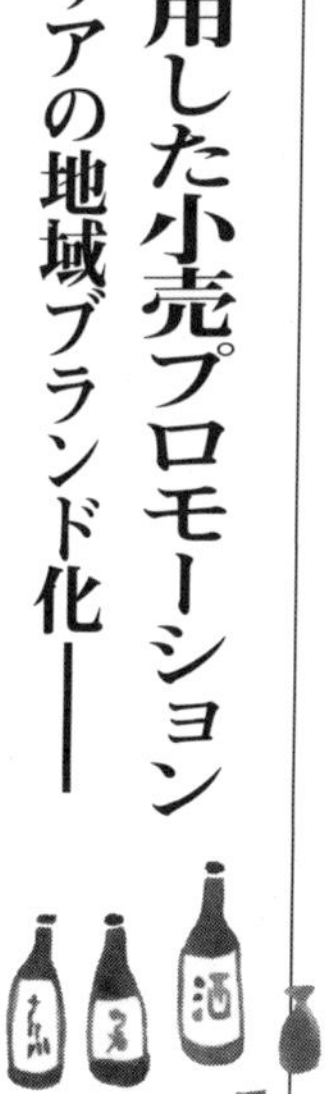

農作物にも地域ブランド化の必要性がさけばれていますが、商圏情報を読み取り、「何がどこで売れるのか」を把握し「どこでどのように売るのか」を明確にすることで、需要やブランド価値を高めることができます。その際に必要なのには、きちんとデータを読みとき、分析する力です。ここでは大阪府の北側、北摂地域の商圏マーケティングデータをもとに、商圏分析のやり方に関して紹介します。

1 商圏マーケティングと地域ブランド

この章では、農業を川上としてみれば、すべての食品流通システムの川下となる食品小売業界の活性化を目ざすとりくみとして、「商圏マーケティングデータを活用した小売プロモーション」

を取りあげて、関西農業の最終需要の増大を考えるうえでの、あらたな視点を提示しようと思います。関西地域の中でも、大阪府の淀川の北にある北摂エリアは、あらゆるマーケティングの分野で、有効需要の大きいエリアとされています。なかでも、千里地区は、たとえば、日本経済新聞のHPサイトなどでも、千里地区居住の読者のためのサイトというものが設定されており、さまざまな販売促進において、活用されています。そこで、食品のなかでも、地域ブランド化が重要課題である牛肉と日本酒のプロモーション（販売促進）を想定して、商圏マーケティングデータを活用して、その方向性を提示する方法の一つを紹介しようと考えるものです。

さて、商圏マーケティングデータには、多数のデータベースが活用されていますが、その優良なものの一つとして、「市場情報評価ナビ（MieNa）」というサービスが株式会社日本統計センターより提供されています。これは地域特性を評価し、見える化した商圏マーケティングレポートです。この情報は、ある特定の地域にねらいを定めエリアマーケティングリサーチをおこなうことができるものです。エリアの範囲は都道府県から町丁単位と幅広く見ることができ、さらには、日本の商圏データだけでなく、中国の都市別マーケットレポートもカバーしているのが特徴です。

さらに、この「市場情報評価ナビ（MieNa）」を使って提供されるMieNaレポートでは、人口・世帯データ・消費支出・購買力データ・富裕層データなどのあらゆるデータを駆使し、指定した地域の評価を見ることができます。これは、中小小売店が新規店舗をかまえる、またはあらたなターゲットを視野にいれた商売を始めるさいに、有効な情報になりうるものです。

しかし、そのような有効なデータを入手していたとしても、見方を知らなければ猫に小判、豚に真珠といえます。それは、あたかも、健康診断でレントゲン写真を撮ったとしても、診たてる医者が悪ければそこに写し出されている病気の兆候も発見できないのと同じです。

商圏分析とは、商店街やショッピングセンターが持つ魅力や集客の見こめる可能な範囲（商圏）をさぐるということです。理論的にはハフモデル（主として小売店舗の立地計画について、事前に集客力、売上高の予測をおこなうためのモデル式のこと）や重力モデルなどです。しかし、ＭｉｅＮａレポートを使用するであろう利用者層は、このような理論的な分析方法よりも実践的なデータとその分析方法をもとめていることが大半であると予想されるので、ここではこの理論の展開ではなく、実践的な分析の試みを紹介したいと思います。

2　地域ブランドの購買力——各地域の地域力から有効需要を推定する——

地域ブランドやその地域の地域力と呼ばれるもの、そしてその地域の購買力などを照らしあわ

表1　大阪北摂地域の地域・市場概況

		指標名	単位	年次	駅1km圏				
地域情報	地域名	市区郡町村名	—	—	高槻市	茨木市	吹田市	豊中市	箕面市
		町丁名	—	—	北園町	永代町	垂水町1丁目	中桜塚1丁目	箕面6丁目
	駅情報	駅名称	—	—	高槻市駅	茨木市駅	豊津駅	岡町駅	箕面駅
		路線名（阪急）	—	—	京都線	京都線	千里線	宝塚線	箕面線
		乗降客数／日	人	2007	65,301	66,031	12,972	19,112	18,081
市場概況	規模	住民基本台帳人口（A）	人	2010	30,192	43,594	37,939	41,086	20,703
		昼間人口（B）	人	2005	45,366	40,456	59,714	39,313	17,958
		A＋B	人	—	75,558	84,050	97,653	80,399	38,661
	富裕	年収700万円以上就業者数	人	2009	1,994	3,690	4,154	4,445	2,395
		年収700万円以上就業者比率	%	2009	15.8	19.0	23.5	24.2	27.3
	流入	昼夜間人口比	指数	2005	165.5	99.9	146.3	95.8	88.2
		小売中心地性	指数	2007	3.47	1.14	0.82	0.55	0.96
	成長	人口増減数	人	07-10	642	1,479	938	300	318
		人口伸長率	%	10/07	102.2	103.5	102.5	100.7	101.6
	年代構成	20代人口比	%	2010	12.9	12.3	15.1	11.5	9.8
		30代人口比	%	2010	17.2	16.6	16.7	16.0	13.5
		40代人口比	%	2010	13.5	14.5	14.4	14.1	13.1
		50代人口比	%	2010	10.3	11.2	11.2	11.7	11.9
		60代人口比	%	2010	13.8	13.7	12.3	13.1	16.8
		70歳以上人口比	%	2010	17.4	14.5	12.5	16.4	18.0

＊　MieNaは「乗降客数／日」「住民基本台帳人口」なし、人口最新年次は2005年（国勢調査）
網掛け部分：５圏域内１位

せて、具体的商品の展開などと連動させつつ、ＭｉｅＮａデータを有効利用しながら北摂５市（高槻市、茨木市、吹田市、豊中市、箕面市）を例にあげて、事例分析の一端を紹介することにします。

　各市のポイントは阪急の主要駅に面した地点に設定します。高槻市は阪急電鉄京都線高槻市駅、茨木市は阪急電鉄京都線茨木市駅、吹田市は阪急電鉄千里線豊津駅、豊中市は阪急電鉄宝塚線岡町駅、箕面市は阪急電鉄箕面線箕面駅、とそれぞれのポイントを設置し、まずは周辺の

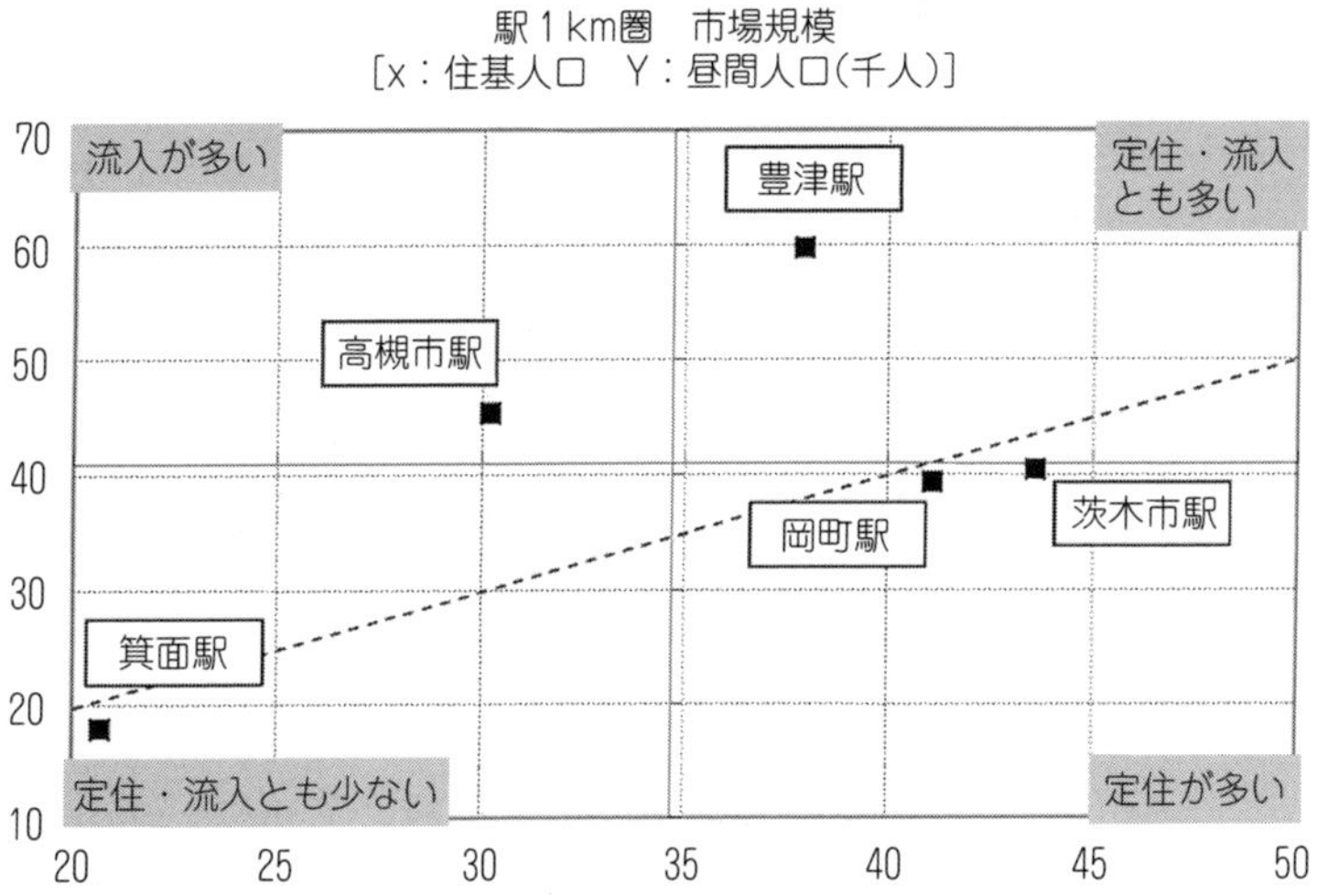

図1　大阪北摂地域の市場規模

基本情報をさぐります。簡単に説明しますと、高槻市は人口の流入が多く30代の人口比率が高く、茨木市と吹田市は市場規模が大きい。しかし、その内容は違っており、茨木市が40代の人口比率が高いことに比べ、吹田市は20代の人口比率が高いのです。そして、豊中市と箕面市は富裕層が多く、その年齢層も高いことがわかります（表1）。

以上のような状況から、上掲のようなダイアグラムを作成することができます（図1）。

その他、人口密度、昼夜間の人口比、年収、小売中心地性などによるデータの比較も可能になります。

以上のようなＭｉｅＮａによって得られたデータをどのように分析し、活用するかを実践してみましょう。今回は「日本酒」と「肉類」の

表2　大阪北摂地域の「日本酒」と「肉類」の分析

		指標名	単位	年次	駅1km圏				
地域情報		市区郡町村名	—	—	高槻市	茨木市	吹田市	豊中市	箕面市
		町丁名	—	—	北園町	永代町	垂水町1丁目	中桜塚1丁目	箕面6丁目
		駅名称	—	—	高槻市駅	茨木市駅	豊津駅	岡町駅	箕面駅
消費市場	購買力評価	消費購買力計	百万円	2009	46,243	62,908	56,013	58,351	28,061
		食料品購買力	百万円	2009	12,071	16,339	14,444	15,211	7,398
		肉類購買力	百万円	2009	1,138	1,519	1,299	1,400	698
		酒類購買力	百万円	2009	561	760	663	710	366
		一般外食費支出額	百万円	2009	2,207	3,132	2,979	2,887	1,318
		消費購買力計／人	千円／人	2009	1,541	1,469	1,485	1,436	1,369
		食料品購買力／人	千円／人	2009	402	382	383	374	361
		肉類購買力／人	千円／人	2009	37.9	35.5	34.4	34.4	34.0
		酒類購買力／人	千円／人	2009	18.7	17.8	17.6	17.5	17.9
		一般外食支出／人	千円／人	2009	73.5	73.2	79.0	71.1	64.3
	出店状況	酒店数（対07年増減数）	店	2010	6（▲10）	7（▲5）	10（▲3）	15（▲5）	9（▲1）
		スーパー店舗数（対07年増減数）	店	2010	12　(2)	9（▲1）	6（▲2）	7（▲1）	3　(0)
		コンビニ店舗数（対07年増減数）	店	2010	14　（▲6）	15　(0)	14　(0)	9（▲3）	3（▲1）
		レストラン店舗数（対07年増減数）	店	2010	16　（▲2）	9（▲3）	9　(1)	13　(0)	2（▲2）
		酒店数／万人	店／万人	2010	2.0	1.6	2.6	3.7	4.3
		スーパー店舗数／万人	店／万人	2010	4.0	2.1	1.6	1.7	1.4
		コンビニ店舗数／万人	店／万人	2010	4.6	3.4	3.7	2.2	1.4
		レストラン店舗数／万人	店／万人	2010	5.3	2.1	2.4	3.2	1.0
		飲食店，宿泊業事業所数	所	2006	582	446	185	258	129
		飲食店，宿泊業事業所数／千人	店／千人	2006	19.3	10.2	4.9	6.3	6.2

＊　MieNa は店舗数「酒店」～「レストラン店舗数」なし　　　網掛け部分：5圏域内1位

個別商品についての分析をおこなうことにします。「日本酒」については純米酒や吟醸酒、「肉類」は地域ブランドとの関連で「高級牛肉」を例に挙げて分析していきます。

まず、各圏域の消費購買力と出店状況についてのデータを見てみよう。各圏域の特徴として、高槻市は人口当たりの消費購買力は大きく、商店や飲食店が多い、その反面、酒店が急激に減少しています。茨木市は消費購買

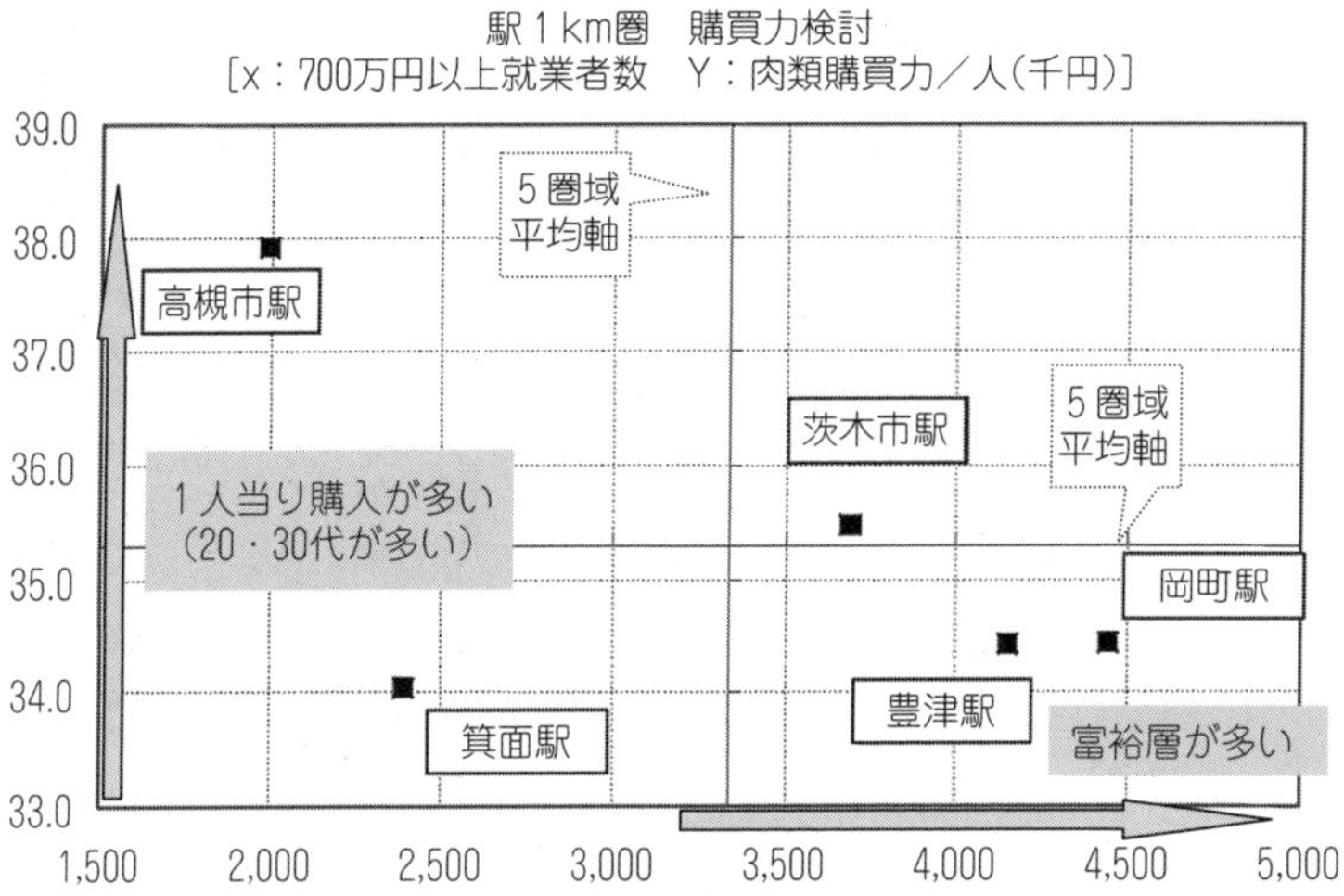

図2　大阪北摂地域の肉類購買力図

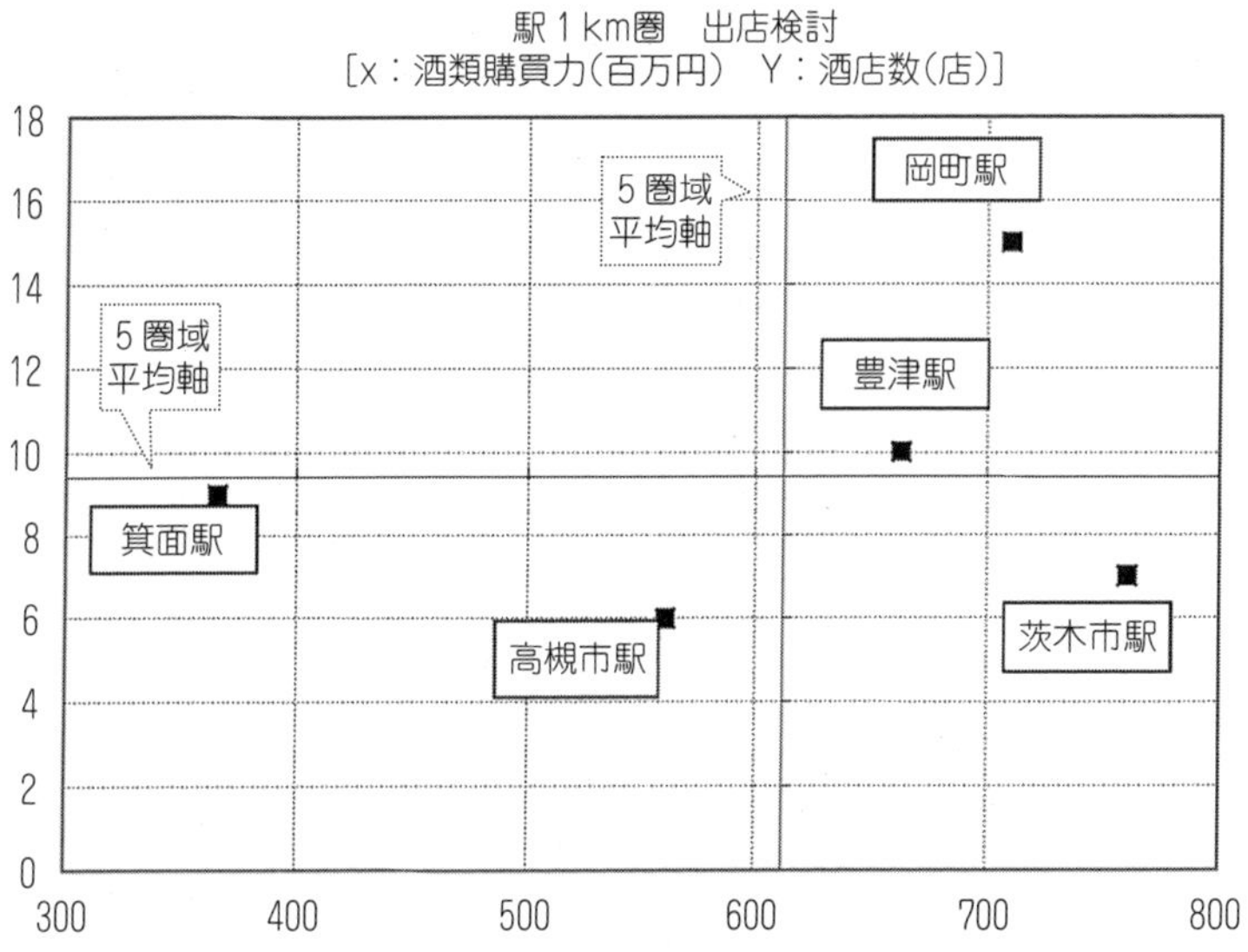

図3　大阪北摂地域の酒店数

力が大きく、そして箕面市は人口当たりの酒店が多い、といえます。

このデータの背景を少し解説すると、箕面市は古くから住んでいる人が多く、昔からの通いなれた商店での買い物をする層が多い。それに比べて、茨木市では駅前開発がおこなわれ、新しいマンションに入居してきた層の購買力が高くなったものと考えられます。

以上のような状況から「肉類」の出店・卸先・売上予測などに関しての検討をおこない、図に表すと、図2のような形になります。

続いて「酒店」出店の検討をおこなうと以下のようになります（図3）。

高槻市は一人あたりの購買力は大きくて、そしてスーパーやコンビニが多いことがわかります。高槻市は若者の人口が多く、酒類の需要があるものの、スーパーやコンビニで購入することが多く、酒店が急激に減少していることがわかります。一方、箕面市では購買力は小さいですが酒店数は平均なみで、スーパーやコンビニは少ない。よって、酒店を出店するなら若者の多い高槻市よりも団塊の世代の多い箕面市の方が良いという分析ができるわけです。

3 有効需要を把握したうえでの地域ブランドマーケティングの重要性

近年の景気の落ちこみ、ことに二〇一一年三月の東日本大震災以降の景気の冷えこみは、まさに、未曾有の事態です。モノが売れない。こうした時にこそ、有効需要を把握したうえでの、付加価値の高い地域ブランドのマーケティングが重要になってくるのです。

以上のような分析をふまえ、商圏データの一つであるＭｉｅＮａデータを利用して、商圏分析をおこなう入り口として活用することができると認識していただけたでしょう。そのうえで、一次接近として、この分析手法は、地域の市場規模や特性を把握することには長けているが、売上予測などのより深い分析については、さらに独自の実態調査や一層精緻な統計分析によっておこなわなければならないでしょう。

このような商圏分析でのより詳細な分析は、さまざまなコンサルテーションのできる専門家やコンサルタントへの依頼が推奨されるところです。ＭｉｅＮａデータを提供している図書館（たとえば、大阪府立中之島図書館）の担当者やコンサルタント、また、ＭｉｅＮａデータの開発者である株式会社日本統計センターではさらに豊富な統計データや、多様な機能の分析ツールを所有しているので、それを活用することも有効な手段と思われます。さらに、また、これまで、数多くの地域ブランド調査やコンサルテーションの実績を有している、「株式会社エリアプロモーションジャパン」に、個別事例の分析を依頼することもできます。

本章では、食品小売業界の活性化を目ざすとりくみとして、「商圏マーケティングデータを活用した小売プロモーション」を取りあげて、関西農業の最終需要の増大を考えるうえでの、あらたな視点を提示しようとしました。付加価値の高い地域ブランドが、力強い有効需要を受けとめて、販売促進が成功して、ひいては、そうした地域ブランドの生産拡大・需要増大につながっていくことを目指したいものです。

（付記）

地域ブランドについての本として、二〇一一年に出版された拙編著を紹介しておきますので、あわせて読まれることをお勧めします。

［1］岸本喜樹朗・斎藤修編著『地域ブランドつくりと地域のブランド化――ブランド理論による地域再生戦略――』農林統計出版、二〇一一年。

20

地産地消と食育で生産者と消費者を結ぶ食品スーパー——大阪・株式会社サンプラザ——

小野雅之

食を通じて地域に貢献しようと注目すべきとりくみをすすめている地域密着型食品スーパーが大阪府にあります。その名は株式会社サンプラザ。地産地消の推進や安全・安心・魅力的な品揃え、従業員挙げての食育活動など、どれも思わず買い物に行ってみたくなるものばかり。サンプラザのとりくみを覗いてみると、日本の食に対する「スーパーの使命」が浮かび上がってきます。

1 はじめに

今日、消費者の多くは食品をスーパーで購入しています。しかし、スーパーの店舗が増加するなかで、スーパー間の競争は価格競争になりがちです。食料自給率の向上や食育が国民全体の課題になるなかで、スーパーにも、輸入品をはじめとした、ただ安いだけの食品を販売するのではなく、国内の生産者と消費者を結ぶとともに、消費者により良い食を提供することが求められます。これは食品スーパーが本来果たすべき使命（ミッション）と言ってよいでしょう。ここで取りあげるサンプラザは、地産地消や生産者・産地との直接取引による魅力ある食品の品揃えと、食育活動による消費者への食の提案を行うことによって急成長している大阪の食品スーパーです。以下では、地産地消・産直と食育活動を中心に、サンプラザがどのように食品スーパーの使命を果たそうとしてきたのかを紹介します。

2 地域に密着して急成長してきたサンプラザ

サンプラザは大阪府の南東部、南河内地域を中心に、中河内地域、堺市・泉北地域に三〇店舗（平成二三年末現在）を出店している食品スーパーです。もともとは昭和二五年に創業した衣料品店でしたが、昭和四九年から食品スーパーへの転換を進めました。とくに、平成四年に現社長が就任してから、店舗数の増加と大型化、消費者にとって魅力ある品揃えなどによって売上高を大きく伸ばしています。図1にみるように、平成二二年度の売上高は三二九億円ですが、平成七年度から五年ごとに約一・五倍ずつ売上高を伸ばしてきました。このサンプラザの売上高の伸びは、関西のスーパーのなかでも非常に高いものです。

サンプラザの大きな特徴の一つは、南河内地域を中心とした狭い地域に高い密度で店舗が分布していることです。現在の三〇店舗は、すべてが堺市美原区にある配送センターから半径一〇キロメートル以内にあります。このように、狭い地域に高い密度で出店することで、消費者のニーズの把握やサービスの提供をきめ細かくおこなうことが可能になり、消費者との関係を深めることができます。また、サンプラザが出店している地域は、大阪府のなかでは農業が盛んな地域で、野菜や果物を中心にさまざまな農産物が生産されています。この生産者と消費者の距離が近いという地域の特長を活かして、サンプラザでは、地域内の生産者との産直(地産地消)に力を注いできました。消費者との関係を深めるとともに、地産地消

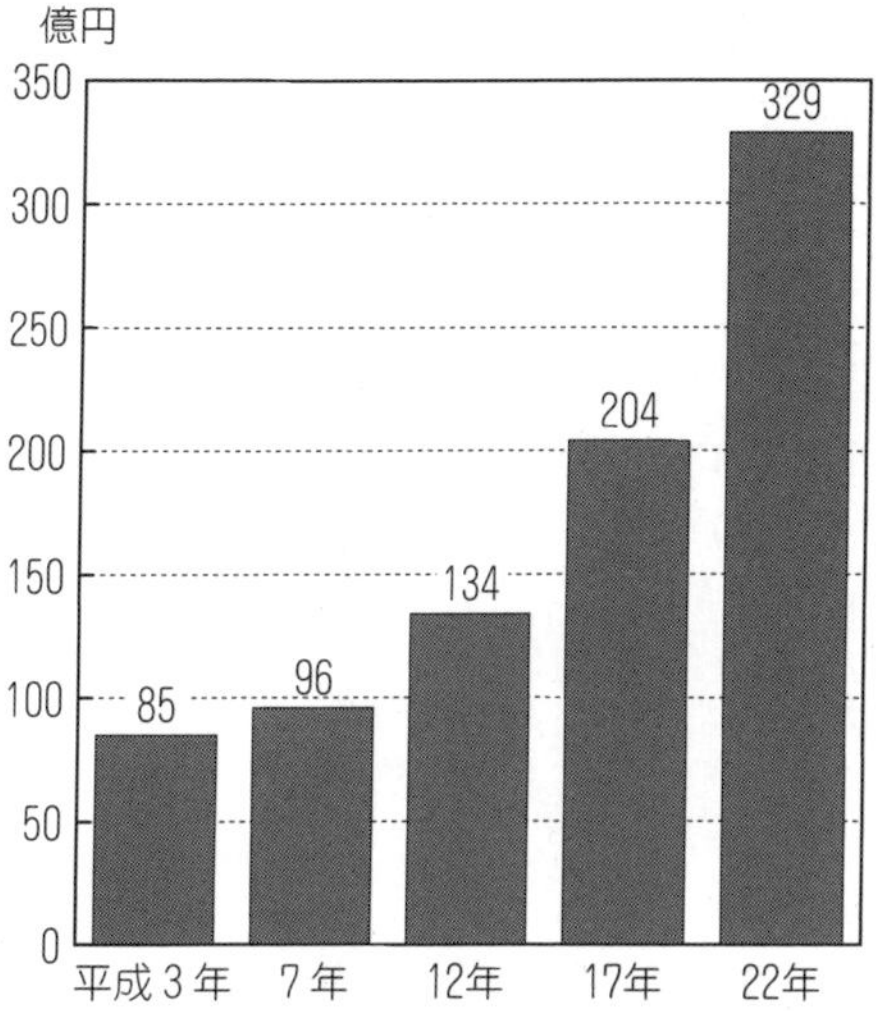

図１　サンプラザの売上高の推移

資料：株式会社サンプラザ提供資料による。

や産直による魅力的な売り場づくりと、食育による食の提案を進めてきたことが、サンプラザの急成長の背景にあります。

3 消費者が魅力を感じる食品の販売をめざして

自宅の近くに店舗があっても、商品に魅力がなければ消費者は買い物には来てくれません。そこで、サンプラザでは、新鮮で、おいしく、安全・安心で、生産者の顔が見える食品の品揃えに力を注いできました。ただ、商品に魅力があっても値段が高ければ、ごく限られた消費者しか買い物に来てくれません。したがって、魅力ある商品を品揃えするとともに、値ごろ感（消費者がこれくらいなら払っても良いという価格）のある価格で販売することが、食品スーパーの集客にとって鍵を握ることになります。しかし、消費者にとって魅力ある商品の品揃えと、値ごろ感の実現を両立させることは難しいことです。サンプラザは、この二つを、産直による流通コストの削減と、高い密度での出店による経営効率の向上によって両立させようとしてきたのです。

では、具体的にどのようなとりくみを進めてきたのでしょうか。

サンプラザでは、食品スーパーとして地歩が固まってきた平成一二年頃から、消費者に買いた

写真１　八尾跡部店の地産地消・産直売場

いと思ってもらえる魅力ある食品の販売をめざして、①原材料や製造方法、生産方法へのこだわり、②地域内の生産者との地産地消、③全国産地との産直取引、④国産原料へのこだわり、の四つのとりくみを順次進めてきました。

一つめは、加工食品の原材料や製造方法、家畜の飼養方法などへのこだわりです。たとえば、合成着色料を使った加工食品（たらこ・明太子、かまぼこ、漬物など）はできるだけ店舗に置かないようにしています。また、成長ホルモン剤や抗生物質を投与していない牛肉、豚肉、鶏肉を、生産者との直接取引によって販売しています。ハム・ベーコン・ソーセージなどの食肉加工品も原料肉や製造方法にこだわるとともに、添加物・化学調味料などを使っていないものをオリジナル商品として販売しています。

写真２　北野田店での産直朝市

二つめは、店舗のある南河内地域や泉北地域、中河内地域で生産されている新鮮な農水産物の地産地消を進めてきたことです。金剛山の麓にある千早赤阪村の契約生産者からは、小松菜、ほうれんそう、水菜など多品目を仕入れています。また、農薬の使用回数と化学肥料の使用料を通常の半分以下に減らした大阪エコ農産物を、堺市や松原市、河内長野市などの契約農家から直接仕入れて販売しています。その他にも、八尾市の若ごぼう、えだまめ、羽曳野市のいちじくなど、地域内で生産された季節ごとの特産農産物を販売しています。地産地消は野菜や果実だけではありません。大阪湾で育った魚（泉だこ、生いかなごなど）でも地産地消を進めてきました。奈良県の契約農家が生産した、ほうれんそう、小松菜、チンゲンサイなどの有機栽培野菜も販売しています。いくつかの店舗では、毎週決まった曜日に産直品を中心に産直朝市もおこなっています。

店舗のある地域内で地産地消を進めることは、どのスーパーでもできることではありません。サンプラザは、生産者と消費者の距離が近いという地域の特長を活かして地産地消を進めることによって、地域内の生産者と消費者を結ぶ役割を果たしているのです。サンプラザの地産地消のとりくみは、大阪府内で栽培・生産、漁獲される農林水産物や、大阪の特産と認められる加工食品を認定した「大阪産《もん》」の普及や消費拡大、ブランド力向上に寄与した優れた活動を表彰する「大阪産《もん》五つの星大賞」を平成二三年九月に受賞したように、高く評価されています。

地産地消に力を注いでいるとはいえ、地元の農水産物だけでは品揃えには限界があります。そこで、サンプラザは全国の産地との直接取引を進めています。この点が三つめのとりくみです。代表的なものが北海道の農産物です。北海道では農薬や化学肥料の使用を最小限に抑えて、より安全・安心で環境に優しい「クリーン農業」を進めていますが、サンプラザでは、「クリーン農業」で生産された中標津町の馬鈴薯、ダイコン、ブロッコリーを販売しています。また、最近おいしくなったといわれる北海道のお米のなかでも評判の高い北竜町のお米も販売しています。このお米は、農薬を通常の半分以下に減らして栽培されており、生産者、水田、使用農薬・肥料成分をホームページで確認することができる「生産情報公表JAS」を取得しているお米です。北海道の農産物以外にも、福井県のお米やさといも、愛媛県や和歌山県のミカンを、産地の生産者との直接取引によって販売しています。

さらに四つめには、一般に輸入原料が使われるものが多い梅干、納豆、豆腐、米菓子などの加工食品でも、国産原料にこだわったものの品揃えを充実させていることです。また、最近さまざまな食品で活用されるようになった米粉をもちいた製品（米粉食パン、米粉パン用ミックス粉など）の販売にも力を注いでいます。サンプラザは、これらの国産食材にこだわった商品づくりによって、食料自給率の向上にも貢献しようとしているのです。

これら四つのとりくみを通じて、消費者に安全で安心なより良い食を提供するという、食品スーパー本来の使命を果たそうとしてきたのです。

4 食育活動を通じた消費者への食の提案

しかし、どれだけ魅力的な商品を品揃えしても、それが消費者に伝わって、買ってもらえなければ意味がありません。そこで、サンプラザでは地産地消や産直とともに食育活動にとりくんできました。平成一七年に「食育基本法」が制定されてから、食品業界でも多くの企業が食育活動を進めています。そのなかで、サンプラザは、消費者により良い食を提供したいという強い思いをもって、いち早く食育活動を始めました。

　サンプラザの食育活動は、店頭で買い物客に食の提案をおこなうことが中心になっています。店頭で食育活動をおこなうためには、社員やパートさん、なかでも買い物客と接する機会の多いパートさんが、食育の意義や食育活動の具体的なとりくみ方、店頭での提案の方法を身につける必要があります。そのために、社員やパートさんに日本食育コミュニケーション協会主催の食育コミュニケーター養成講座を受講してもらうことから始めました。この講座をこれまでに受講した社員・パートさんは、現在では一四〇名を超えています。

写真３　小山店での食育活動

　次に、平成一八年七月から、毎月一九日の「食育の日」に、店頭でメニューの提案活動をおこなうようにしました。その際に、パートさんたちがやる気を持って主体的にとりくむことができるように、店舗ごとに自分たちで作りたいメニューを考え、調理して、店頭で買い物客に提案してもらうようにしました。最初は、パートさんたちのなかには「なんでこんなことをせなあかんの？」という戸惑いもあったようですが、継続してとりくむことで、やる気が引き出され、毎月の活動として定着してきました。現在では、店舗ごとのまちまちのとりくみではなく、サンプラザ全体で活動のポイントを決めたとりくみへと進んでいます。産直品をメインの食材にして、日本食育コミュニケーション協会の管理栄養士さんが考案した栄養バランスのとれた食事のレシピを、パートさんたちが店舗ごとに工夫して提案しています。その際に、パートさんにも産直品の生産者、生産方法や品質面での特徴、認証制度などを勉強してもらうことで、生産者や生産方法、流通過程が見える食の提案がおこなわれるようになっています。

このような店頭での食育活動に加えて、消費者が自ら参加する食育活動として、堺市で小松菜を生産する契約農家での「小松菜収穫体験フェア」や「親子料理教室」をおこなっています。

食育にとりくんでいるスーパーは関西にもたくさんありますが、サンプラザの食育活動はそのなかでも進んだものと言えます。それは、日本食育コミュニケーション協会主催の食育コミュニケーター活動発表全国大会で、地産地消大賞（平成二二年度）や地域密着賞（平成二三年度）を受賞していることからもわかります。なかでも、パートさんたちが「食の伝道師」になって、買い物客の多くを占める女性と同じ目線で食育活動を進めていること、その際に産直品を中心としたサンプラザならではの特色ある食品を食材にして、より良い食の提案活動をおこなっていることが特筆されます。これは、食を通じて地域に貢献するという、サンプラザがめざす姿をよく現した活動といえます。

5 サンプラザがめざしているもの

現在、スーパーの店舗が増加するなかで、スーパー間の競争が激しくなっています。そして、スーパー間の競争は、ともすれば価格競争になりがちです。もちろん、消費者に値ごろ感のある商品を提供することはスーパーの大切な役割ですが、行き過ぎた価格競争は国内の産地や生産者にしわよせが行くことになります。また、安価な輸入品を中心に品揃えをすることも、必ずしも消費者の満足につながるとはいえません。

これまで紹介してきたサンプラザのとりくみの理念は、「地域に貢献するスーパーでありたい」、「食料自給率の向上に貢献するスーパーでありたい」という社長の言葉に如実に表されています。具体的には、地域に密着した食品スーパーとして消費者により良い食を提供すること、同時に国内の産地や生産者との関係を深めること、そして生産者の顔が見える地産地消や産直を進めて生産者と消費者を結ぶこと、これらを通じて地域の食に貢献することで、食品スーパーの使命を追求してきたのです。そして、そのとりくみが消費者に評価され、急成長につながってきました。

このようなサンプラザのとりくみは、第2章で述べられている近江商人以来の関西の商人の理念である「三方よし」（買い手よし、売り手よし、世間よし）を、現代の食品スーパー経営に活かしてきたものと言えるでしょう。

参考文献・資料

[1] 日本経済新聞社『日経ＭＪ』二〇一〇年一二月三日号。
[2] 中村博「リーダーの戦略　株式会社サンプラザ取締役副社長営業本部長山口力氏に聞く」『流通情報』四三巻一号、二〇一一年。
[3] サンプラザホームページ：http://www.super-sunplaza.com/

付記：本稿は、科学研究費補助金（課題番号21380138）の成果の一部です。

やっぱりおもろい! 関西農業

PART 7

関西農家のこれからの姿

21 関西農業はどのように発展するのか

頼　平

国際化が急速に進むなか、関西の農業者は、コストと品質の国際競争力を上げるためにいかなる経営革新を実践すべきなのでしょうか。農業再生の原動力は、できるだけ多くの農業者や農協グループが自覚して農企業者に飛躍し、お互いに助けあうことです。その場合、国民と政府は、自らの食料と環境保全などの多面的機能に関する安全保障を確保するためにも、国際競争力を本格的に補強しなければなりません。

1 関西農業を囲むわが国経済の将来はきびしい

関西農業は今後どのように発展するのか、さらに一歩進んでどのように発展させたらよいのか、これが本章の課題です。その際まず気がかりなことは、関西農業を左右するわが国の政治や経済は今後どうなるのだろうかという問題です。

一つめは、わが国はいま深刻な「国の借金」に悩んでいます。国債などの国の借金は、平成二三年九月末には九五四兆円に達しました。国民一人あたり約七四五万円の借金を背負っていることになります。政府は、わが国の貿易の自由化を大幅に進めようと決意しています。これまでは高い関税によって安い農産物が輸入されないようにして、国内の農産物価格をなんとか生産費を償う水準までつりあげてきました。ところがこれからは輸入関税を大幅に減らし、輸入を自由化し、農産物価格を国際相場まで下げることをねらっています。それによって農家の所得が減る部分は、国が直接補償しようと提案しています。でもこのような深刻な財政危機のもとで、農家が納得するほど財政的支援を期待できるものでしょうか。

農産物の輸入価格にくらべて、どの程度まで高く国内価格を支えつづけるのであれば、消費者はやむを得ないなーと首を縦に振るのでしょうか。さらに農業者に対して所得補償をおこない、必要な税金を負担してもらうとして、どの程度までならば、納税者は我慢してくれるでしょうか。これは、筆者もかなり心配している問題です。

二つめは、異常な超円高・ドルユーロ安が続き、わが国からの商品・サービスの輸出が赤字になり、輸出企業は生き残るために工場や販売拠点が海外に移していることです。その結果、国内の雇用や投資機会は急激に縮まっています。これまで関西の農家は零細な経営規模で農業所得がわずかであっても、安定した雇用機会でまともな農外所得を稼ぎ、また農地の高い財産価値に対して安心感をもってきました。ところがこれからは中途半端な兼業農家の生き方でよいものかどうか、検討しなおす必要が出てきました。

三つめは、今後半か年ほどの間に環太平洋経済連携協定（TPP）に参加するかどうかを決めなければなりません。仮にもしこの協定に参加して輸入関税を大幅に落して、安い農産物が雪崩のように輸入されるようになれば、農水省が推定しているように、わが国の農業は崩壊し、食料自給率は一四パーセントまで転落することでしょう。国民の食料だけでなく、国土や生活環境の安全保障までもおびやかされることになります。

賛否両論が渦まいているさなか、野田佳彦首相は、平成二三年一一月に環太平洋経済連携協定交渉に向けた協議に参加する決意をかためました。反対派は、「TPPに入ると、日本の農業が崩壊する」と激高しています。これに対して賛成派は、「いまの農業保護を続ければ、日本の農業は栄えるというのか」と居直っています。

政府は、一〇月に「我が国の食と農林漁業の再生のための基本方針と行動計画」を採択し、その中で「農林漁業再生のための七つの戦略」を提案しました。さらに昨年の十一月に閣議決定した「包括的経済連携に関する基本方針」では、「高いレベルの経済連携の推進と、わが国の食料自給率の向上や国内農業・農村の振興とを両立させ、持続可能な力強い農業を育てるための対策を講じる」と宣言しました。

「再生計画」では、まず五か年以内に平野部では二〇～三〇ヘクタール、中山間部では一〇～二〇ヘクタールの大規模経営が大部分を占めるような農業にもっていくことを提案しています。

もう一つは、消費者がおいしくて、安全で、しかも環境にやさしい食料を消費し、さらに加工食品と外食への支出を重視するようになってきました。この消費動向に合せて多様な農産物を組み合わせて生産し、さらに農産物の加工・直売・農家レストラン・農村観光などを組み込んで、農業経営の垂直的な多角化、いわゆる六次産業化を図ることによって、農産物の商品価値を向上させ、農業者に帰属する所得部分を増大させることをねらっています。

2 関西農業ではどのような経営革新が試みられているのか

(1) 経営革新の一般的な特徴

関西農業を担う農家や協同組織は、それぞれの主体条件や環境条件の違いにあわせて独自に多様な〈経営革新〉を創意工夫し、農産物・農業サービスの〈品質価値競争力〉と〈コスト競争力〉を強化しています。

まず品質価値競争力の強化対策ですが、もっとも重視しているのは、消費者の〈安全・安心・健康〉志向に応えることです。農業関係者たちは、環境条件に適合した独自の〈有機農法やエコ農法〉、〈トレーサビリティ・システム〉を開発し、さらに新鮮でおいしいナマの農産物として販売するだけでなく、農産物の加工や直販、さらに農家レストラン、観光農園、民宿などの農業サービスを組み合わせた農業経営の〈垂直的多角化〉、いわゆる生産・加工・マーケティングを合わせた六次産業化を図っています。集落、出荷組合、または農協はそれぞれの主体条件や環境条件に適合した営業形態をもつ直売所を立ち上げて、専業農家だけでなく、高齢者や兼業農家が生産する少量多品目生産物を有利に販売しています。さらにこだわり農産物の販売を促進するために、消費者や量販店の情報をきめ細かく収集したり、量販店の店頭でレシピを配りながら試食会を開いて直売を促進しています。または農家の女性や若者の新鮮な感覚や発想を活かして、インターネット電子取引まで進めている事例がみられます。ミニコミやマスコミをうまく利用して自らの長所を顧客に訴えて差別化を図るわけですが、成功するまでには大変な苦労を重ねているようです。

つぎにコスト競争力の強化対策ですが、一つは生産資材を共同購入して購入単価を削減しています。二つは輪作を含むエコ農法によって病虫害や雑草害を克服し、農薬と化学肥料の投入量を減らしています。三つめは飼料の輸入価格の高騰に対抗して耕畜連携組織を強化し、稲わらや飼料作物を効率的に利用しています。四つめは耐候性ハウスや二重カーテン、ヒートポンプ、改良太陽熱土壌消毒法などを導入して光熱費を削減しています。

特筆したいことは、作業効率を飛躍的に向上させ、適期作業によって生産物の品質を改善するために、高価ではあるが大型高性能の機械・施設体系を大胆に導入していることです。しかしながら機械・施設の操業度を高め、操業期間を周年化し、高度な運転・管理技術をもつ人材を周年雇用するためには、広域協同組織の中に組み込まれる生産物の種類・品種・栽培型・生産規模を最適化することが必要になります。しかも各作目の生産、加工およびマーケティングの効率を総合的にあげるために、各担い手の専門化と密接な連携システムをつくることが必要になります。このために協同組織と農協は、地方自治体、とくに普及組織、さらに商工企業と連携していかなければなりません。

(2) 土地利用型経営の進化

関西の土地利用型農業は、これまで主として家族経営によって担われてきましたが、昭和一桁世代の離農に応じて、いよいよ〈大規模専業家族経営〉、〈法人形態の協業経営〉および〈集落営農組織〉(多くの集落民が農作業に参加する組織)が優位を占める兆しをみせてきました。各経営の環境条件および主体条件に適合した経営革新を採択しながら経営規模を拡大すれば、どの経営形態も相対的優位性を発揮することができるので、お互いに共存していくことが期待されています。

集落営農組織の事例を紹介します。これまでは〈集落の和と農地・環境の保全をめざす集落営農〉に満足してきましたが、これからは構成員農家に対して、まともな労賃と地代を確保できるような〈儲かる集落営農〉をめざすようになってきています。

たとえば、滋賀県の先進的な集落営農組織と言うべき農事組合法人サンファーム法養寺は、参加農家二二戸、経営耕地面積一七・一ヘクタール、同じく（農）酒人ふぁーむは参加農家五六戸、経営耕地面積四一ヘクタールでもって、〈多角化型の集落営農〉を組織しています。稲・小麦・大豆という労働粗放的な生産にとどまらず、いろんな野菜や果実の露地・施設栽培を組み入れ、農協共販と直販を組み合せて多くの収益をあげ、構成員の出役労賃や地代の分配額を大幅に増やしています。

同じく滋賀県の（農）糠塚生産組合も高度の多角化型集落営農に進化しています。構成員一七名、三五ヘクタールの集落営農ですが、四つの生産部と総務部から組織されています。第一に営農部では、全農家がエコファーマー（化学肥料や農薬を減らした農家）として認定されており、安定兼業に従事する青壮年男性が土・日中心のオペレーター作業に従事し、食の安全・安心と環境保全にこだわった米を低コストで作ることに専念しています。第二に飼料作部では、六名の酪農経営が飼料作の共同作業組織をつくり、当生産組合の転作割りあてを全部飼料作に活用し、さらに稲わらを粗飼料として活用し、良質の牛糞堆肥を営農部の稲作に施用して〈耕畜連携の利益〉をあげています。第三に加工部では、一三名の女性層が農産加工施設を活用し、米、黒豆、牛乳などを使って三〇種類の米パンを中心にソフトクリームや洋菓子など十数品目の商品を製造しています。年間一万人以上の来客に直売し、また県内外の注文に応じています。第四に直売部では、二名の組合員が加工施設に併設した直売所を管理し、営農部の米および高齢者層が生産した野菜や花を受託販売しています。なお出荷された農産物の品質チェックや陳列、レジ係りなどは、高齢者グループが交代で当たっています。第五に総務部では、各部門ごとに記帳された複式簿記を点検して独立採算性を管理し、部門間の連絡調整をおこなっています。また組合長・副組合長・会計・各部門代表からなる経営委員会は、経営状況の把握と組織運営方針の決定に基づいて、部門運営が円滑におこなわれるように事務局機能を担っています。

(3) 近頃目だつ協同組織づくりの革新

関西農業から視野を全国に広げると、近頃いろんな経営革新の中でとくに〈協同組織づくりの革新〉に挑戦する農家グループが増えてきました。農業生産をいくつかの生産行程に分割し、さらに加工・直売・農家レストラン行程を加えます。各行程は専門化した独立採算の法人に担ってもらい、これらの企業が縦にリレー型の連携関係を結んで、専門化と統合化の利益をねらうという〈農業内垂直的連携型の大規模法人経営〉が組織されるようになってきました。さらに進んで外部の関連する商工企業とともに出資・情報・企画機能について相互連携化を図るという〈異業種連携型の大規模法人経営〉も目立ってきました。

また〈農協出資型の有限会社〉として、会社の私的目標を追求しながらも、同時に地域農協の役割、つまり遊休・荒廃農地の発生防止や農地拡大への貢献、さらに地元雇用の拡大や後継者の育成にもとりくむという法人経営が組織されるようになりました。

このように〈共生的農業者〉が経営革新に挑戦する際に重要なことは、いったい誰が農企業者機能を担うのかということです。農業者が分業し、専門的な能力を鍛えて協業するとしても、片手間では企業者機能を発揮することができません。協同組織に参加する農業者の中からか、または外部からか、企業者能力の優れた者を選んで、経常的な企業者機能を担当してもらい、そのほかの農業者は年度初めの出資者・社員の総会などで、得意な分野で企業者機能を発揮するという協同組織をしくむことが必要になるのでしょう。

3 攻めの農業振興・農村活性化戦略の決め手は農企業者の増強

かなりの識者は、わが国農業には国際競争力をあげる余地や対策はないと主張しています。はたしてそうでしょうか。農業者と農協グループは、政府と国民に支援を求める前に、弱気な態度をかなぐり捨てて、企業者意識と企業者能力を養い、あらゆる経営革新に挑戦してみるべきではないでしょうか。

農業者は、世間並みに働いて安定した農業所得を持続的に確保することをめざしています。しかしながらほんとうは、自家農業労賃と自作地地代と自家農業資本利子を農外の利用機会で獲得できる純報酬でもって見積もり、それらを農業所得から差し引いて、〈農企業利潤〉を算定するべきです。これを持続的に最大化すること、少なくともプラスにすることをねらうべきではないでしょうか。この農企業利潤は、農業者が意思決定→執行→責任・危険負担という経営管理について人並み以上に革新的なやり方で挑戦し、うまくやりとげる程度が高いほど、より大きいプラス額になります。

〈農企業者〉とは、農業経営革新を先駆的に創意工夫する意欲と能力が高くて、しかも失敗の危険をあえておかして経営革新を実践し、経営の発展を図ろうとする農業者、言いかえると危険選好・発展選好性向が強い〈先駆的な革新採択者〉のことです。これと対照的に〈単なる農業者〉とは、安定選好・現状維持性向が強くて、農企業者の革新採択行動が成功するのを見てようやく模倣する〈追随的摸倣者〉か、または模倣さえもいやがる〈現状維持者〉のことです。

〈単なる農業者〉が〈農企業者〉に飛躍するか、または農企業者が開発した経営革新を模倣するという追随的模倣者になるためには、まず〈単なる農業者〉にとどまっている農家が自覚し奮起することが出発点になります。ついで普及指導員などの外部育成者は、内外の〈農企業者〉が試みた経営革新と実践活動、および試験研究機関などが開発した〈経営革新〉に関する情報を早く伝え、〈単なる農業者〉が、他者の開発した経営革新を自分の経営条件に適合させ、調整するように創意工夫する意欲と能力を引き出すことが必要になります。

ただし農企業者の中には、〈利己主義的な農企業者〉と、〈地域との共存共栄をめざす農企業者〉がいます。後者の〈共生的農企業者〉が本気になってリーダーシップを発揮して、近隣の〈単なる農業者〉の革新意欲を引き出し、経営管理能力を向上させることを支援してくれるならば、非常に効果があがります。この意味において、関連支援機関は、まず地域との〈共生的農企業者〉を発掘し、さらに一層多く育成して、地域リーダーの役割を果たしてもらうことに重点をおかなければなりません。

あとがき

　読者の方はお気づきになられたでしょうか。本書の奥付けの発行日が三月一一日になっていることです。二〇一一年三月一一日の東日本大震災および東電福島原発事故による放射能拡散問題は日本ばかりか世界をも驚かせました。あれから満一年の日にあたります。今でも、テレビや動画で見るあの津波の破壊力の惨劇は、眼を疑い、息を呑み、言葉を失い、心が哭きました。塩水や被曝による農地の被害も多く出たようです。また、稲などの作付制限もおこなわれています。あと何年すれば元のような作付けができるのでしょうか、胸が痛みます。

　序章で述べましたように、この本の出版が、いかに東北の農業・農村・農家に元気を与えることを意識して出来上がっているとはいえ、たとえ、現場の農業者がこの本を読んで単純に元気が出るとは考えておりません。ただ、地域的に農業だけをするにはけっして適しているとは言えない関西地域で、農業で創意工夫して頑張っている人々がいることを知ってほしいと思っています。

　もう一つ意識していたのがＴＰＰのことです。すでに、日本は交渉の参加に向け関係国との事前協議が始まっています。マスコミなどでＴＰＰ参加のメリット・デメリットがやかましく言われています。産業分野によってはメリットの多い分野（通信分野など）もありますが、農業のメリットは多くないと思っています。

TVなどで農業に精通しているとは思えないTPP参加の賛成評論家たちが言います。日本のリンゴやお米などの農産物は安全でおいしいので、中国はじめ各国のあいだで日本の二倍三倍の値段で売れている。だから、「どうせ放っておいても日本の農業は潰れるのだから、外国に打って出ればよい」と、無責任に宣っています。しかし、第一に、国は日本の農業をTPPに関係なく放っておかないでしょう。第二に、農産物の輸出で日本の農業が成り立つのか何戸の農家が継続できるのか、滅茶苦茶疑問です。

現実はこうです。二〇一〇年の日本の農林水産物輸入額は七兆一一九四億円、農林水産物・食品の輸出額は、四九二〇億円（輸入額の約一四分の一）、その輸出果物のトップ・リンゴは六四億円、野菜のトップ・ナガイモは二〇億円です。希望の星のコメは七億円。

たとえ、TPPに参加し関税がなくなり日本のコメ農家が長い間刻苦勉励して輸出額を百倍に伸ばしたとしても七〇〇億円、焼け石に水でしょう。反対に、コメの関税がゼロになれば、「輸入米が国内消費の半分になる」と試算する大学教授もいます。そのとき、日本農業はどうなっているのでしょうか、さらに輸入額が増えているのかも知れません。

しかし、そのような悪夢の時代がやってきても、本書で紹介した農企業たちは生き残っているであろうことを、確信しています。
なお、本書の編集・発刊にあたっては、原稿提出の遅れにも関わらずいろいろご配慮を下さった昭和堂の鈴木了市編集部長、本書の担当者・吉川紳也さんをはじめ関係者の皆様に厚くお礼申し上げます。

平成二十四年二月二九日　髙橋信正

執筆者紹介

所属は2012年1月現在　五〇音順
※◎は編集委員代表を、○は編集委員を表わす。

伊庭治彦（いば　はるひこ）
博士（農学）、神戸大学大学院農学研究科准教授
担当：第15章

大西敏夫（おおにし　としお）
博士（農学）、和歌山大学経済学部教授
担当：第14章

内平隆之（うちひら　たかゆき）
博士（工学）、兵庫県立大学環境人間学部講師
担当：第18章

○小野雅之（おの　まさゆき）
農学博士、神戸大学大学院農学研究科教授
担当：第20章

尾松数憲（おまつ　かずのり）
大阪府立農業大学校講師、（社）京都府米食推進協会事務局長
担当：第5章

桂　明宏（かつら　あきひろ）
博士（農学）、京都府立大学大学院生命環境科学研究科准教授
担当：第3章

桂　瑛一（かつら　えいいち）
農学博士、信州大学・大阪府立大学名誉教授
担当：第2章

神谷　桂（かみや　かつら）
和歌山県農林水産総合技術センター農業試験場主任研究員
担当：第8章

岸上光克（きしがみ　みつよし）
博士（農学）、和歌山県田辺市役所産業部産業政策課地域コーディネーター
担当：第16章

岸本喜樹朗（きしもと　きじゅうろう）
農学博士、桃山学院大学経営学部教授
担当：第19章

児玉芳典（こだま　よしのり）
有限会社柑香園（観音山フルーツガーデン）六代目
担当：第4章

高田　理（たかだ おさむ）
農学博士、神戸大学大学院農学研究科教授
担当：第10章

◎髙橋信正（たかはし　のぶまさ）
農学博士、元神戸大学大学院自然科学研究科教授
担当：まえがき、序章、第4章、あとがき

辻　和良（つじ　かずよし）
博士（農学）、和歌山県農林水産総合技術センター農業試験場副場長
担当：第8章

中塚華奈（なかつか　かな）
博士（農学）、NPO法人食と農の研究所理事
担当：第11章

中塚雅也（なかつか　まさや）
博士（学術）、神戸大学大学院農学研究科准教授
担当：第13章

○中村貴子（なかむら　たかこ）
博士（農学）、京都府立大学生命環境科学研究科講師
担当：第9章

中村均司（なかむら　ひとし）
京都大学東南アジア研究所特任教授、元京都府丹後農業研究所長
担当：第7章

○藤本高志（ふじもと　たかし）
博士（農学）、大阪経済大学教授
担当：第1章

古塚秀夫（ふるつか　ひでお）
農学博士、鳥取大学農学部教授
担当：第17章

丸一　浩（まるいち　ひろし）
有限会社類農園代表取締役、奈良県エコファーマー連絡会会長
担当：第12章

宮部和幸（みやべ　かずゆき）
博士（農学）、日本大学生物資源科学部准教授
担当：第6章

頼　平（より　たいら）
農学博士、京都大学名誉教授
担当：第21章

やっぱりおもろい！　関西農業

2012年3月11日　初版第1刷発行

編著者　髙橋信正

発行者　齊藤万壽子

〒606-8224　京都市左京区北白川京大農学部前
発行所　株式会社　昭和堂
振替口座　01060-5-9347
TEL（075）706-8818／FAX（075）706-8878

印刷　亜細亜印刷

ISBN978-4-8122-1226-4

＊乱丁・落丁本はお取り替えいたします。
Printed in Japan

高齢社会と農村構造――平野部と山間部における集落構造の比較

玉里恵美子 著　定価８４００円

将来の日本農村はいかにあるべきか。

農村と過疎山村への膨大な調査データとその分析にもとづき、家族関係、社会構造を問い直し、現状と今後の課題を探る。

農協の存在意義と新しい展開方向――他律的改革への決別と新提言

小池恒男 編著　定価２９４０円

農協への批判と期待の高まるなか、その存在意義を改めて問い直し、根本からの自立的改革を目指す、気鋭の研究者らによる提言の書！

日本農業と農政の新しい展開方向――財界農政への決別と新戦略

藤谷築次 編著　定価２９４０円

いま、地域農業・地域社会の再生・活性化のために何が必要か？

日本農業と農政を正面から見つめ、その展開方向を指し示す、気鋭の研究者らによる提言の書！

農村ジェンダー――女性と地域への新しいまなざし

秋津元輝・藤井和佐・澁谷美紀・柏尾珠紀・大石和男 著　定価２９４０円

家族・地域・職業・資源が密接に絡まり合う農山漁村には、独自のジェンダーが存在する。

女性中心の６次産業化などで農村に新しい光が射すなか、そのジェンダーに迫り、嚆矢となる一冊。